高等学校规划教材

现代生物技术实验教程

郝鲁江　主编

祝文兴　韩宁　副主编

U0260873

化学工业出版社

·北京·

内 容 简 介

《现代生物技术实验教程》涵盖《微生物学实验》《细胞生物学实验》《分子生物学实验》三门实验课程的内容。全书共有 4 部分，其中，绪论简要介绍了生物技术基础实验的内容和实验室安全法则与规范；第 1 章微生物学实验技术部分设置 9 个微生物学基本实验项目和 3 个微生物学综合研究型实验项目；第 2 章细胞生物学实验技术部分设置 10 个细胞生物学基本实验项目和 4 个细胞生物学综合研究型实验项目；第 3 章分子生物学实验技术部分设置 7 个分子生物学基本实验项目和 1 个综合研究型实验项目。全书内容丰富、实验项目设置分级渐进，且融入了课程思政案例，以期使学生全面掌握生物技术基础操作、培养学生严谨的科学态度和学习科学家们献身科学事业的伟大精神。

《现代生物技术实验教程》可作为普通高等教育本科生物工程、生物技术、酿酒工程、食品科学与工程、食品质量与安全等专业的实验课教材。

图书在版编目（CIP）数据

现代生物技术实验教程/郝鲁江主编. —北京：
化学工业出版社，2022.1（2024.5重印）
高等学校规划教材
ISBN 978-7-122-40419-0

Ⅰ．①现… Ⅱ．①郝… Ⅲ．①生物工程–实验–高等
学校–教材 Ⅳ．①Q81-33

中国版本图书馆 CIP 数据核字（2021）第 250352 号

责任编辑：褚红喜　王　岩　　　　　　　　　　　　文字编辑：邓　金　师明远
责任校对：李雨晴　　　　　　　　　　　　　　　　装帧设计：李子姮

出版发行：化学工业出版社（北京市东城区青年湖南街 13 号　邮政编码 100011）
印　　装：北京科印技术咨询服务有限公司数码印刷分部
787mm×1092mm　1/16　印张 8¼　字数 198 千字　2024 年 5 月北京第 1 版第 4 次印刷

购书咨询：010-64518888　　　　　　　　　　　　　售后服务：010-64518899
网　　址：http://www.cip.com.cn
凡购买本书，如有缺损质量问题，本社销售中心负责调换。

定　　价：29.80 元

《现代生物技术实验教程》
编写组

主　　编：郝鲁江

副 主 编：祝文兴　韩　宁

编写人员（按姓氏笔画排序）：

王晓菡　王婧臻　刘庆军　杨　真

张　杰　张　静　郝鲁江　祝文兴

曹瑞文　韩　宁

前言

《微生物学实验》《细胞生物学实验》《分子生物学实验》是普通高等教育本科生物工程、生物技术、酿酒工程、食品科学与工程、食品质量与安全等专业的必修基础课。早在 1978 年，山东轻工业学院（现为齐鲁工业大学）首批招生就已经将《微生物学实验》作为主要专业课程开设，至今已经有了 40 多年的开课史，是目前我校生物技术系承担的重要课程。

鉴于《微生物学实验》《细胞生物学实验》《分子生物学实验》三门实验课在专业培养体系中的基础性地位，基于生物相关专业发展中的实用性要求，在多年的教学过程中，我们始终坚持将理论课程中的"基本概念、基础知识"与实验课程中的"基本原理、基本操作技能"相结合作为授课内容选择和课程设计的根本；坚持"理论联系实践，以专业培养方向"为课程内容组织的导向；采取以课堂学习为主，"多媒体辅助教学、网络平台辅助教学"作为授课方法；通过"实验课预习、课堂操作评价、实验报告评价"等考核方式全面评定学生的学习效果，以期提供给学生"全面、准确、更新"的授课内容，"互动、生动、实际"的课堂授课环境，为本科生物工程、生物技术、酿酒工程、酿酒工程（中外）、食品科学与工程、食品质量与安全等专业课的学习打牢基础。

尽管目前已出版了众多《微生物学实验》《细胞生物学实验》《分子生物学实验》单一课程的实验教材，但涵盖多门基础课、内容丰富、基础性与先进性结合良好的生物技术实验教材较少，这也是本书编写的初衷之一。此外，本书还编纂了国家荣誉获得者的事迹并选用了诺贝尔获奖者的科学历程，力求将中外科学家无私奉献、造福人类的伟大成就和攻坚克难、勇攀高峰的科学精神融入教材体系，以期对同学们进行潜移默化的思政教育。

本书的编写工作全部由齐鲁工业大学（山东省科学院）生物工程学院任教老师承担，由郝鲁江担任主编，祝文兴、韩宁担任副主编，对全书进行统稿、校对等工作。本书的具体编写分工如下：绪论由郝鲁江、王晓菡、曹瑞文共同编写；微生物学实验技术部分由郝鲁江、张杰、王婧臻共同编写；细胞生物学实验技术部分由祝文兴、郝鲁江、刘庆军共同编写；分子生物学实验技术部分由韩宁、张静、杨真共同编写。

本教材的出版得到了"齐鲁工业大学教材建设基金"资助，部分出版资金来源于齐鲁工业大学2016年专业核心课程建设项目（2016H07）、齐鲁工业大学（山东省科学院）2019年校级教研项目（2019yb56）、齐鲁工业大学（山东省科学院）2020年度教学改革和教学研究线上教育专项招标项目（2020zd01）、2020年第一批产学合作协同育人项目（202002148002）、山东省教育厅2020年本科教学研究面上项目（M2020131），在此一并感谢。

鉴于编者的水平有限，书中疏漏之处在所难免，恳请广大读者朋友以及使用本教材的老师、同学批评指正。

编者

2021年6月

目录

绪论

第一章
微生物学实验技术

第一节　微生物学基本实验技术 ··· 4

实验一　普通光学显微镜的构造、性能及使用方法 ····································· 4

实验二　细菌涂片及革兰氏染色与芽孢染色法 ·· 10

实验三　放线菌与霉菌制片及形态观察 ·· 14

拓展阅读　1910年诺贝尔生理学或医学奖：核酸的化学组成 ····················· 19

实验四　酵母菌形态及死活细胞的染色鉴别 ··· 19

实验五　酵母菌细胞大小、细胞总数及出芽率的测定 ································ 20

拓展阅读　1962年诺贝尔生理学或医学奖：DNA双螺旋结构的发现 ············ 26

实验六　酵母菌子囊孢子的观察 ··· 27

实验七　培养基制备 ·· 28

实验八　常用灭菌方法 ·· 31

（一）干热灭菌法 ·· 31

（二）高压蒸汽灭菌 ··· 33

拓展阅读　1968年诺贝尔生理学或医学奖：遗传密码与蛋白质合成 ·········· 36

实验九　微生物的分离与纯化 ··· 36

第二节　微生物学综合研究型实验 ·· 41

实验一　空气中微生物的测定和计数 ·· 41

思政小课堂　"共和国勋章"获得者：钟南山 ·· 44

实验二　样品中菌落总数和大肠菌群数的检测 ·· 45

（一）样品中菌落总数的检测 ·· 45

（二）样品中大肠菌群数的检测 ·· 48

思政小课堂　"人民英雄"国家荣誉称号获得者：张伯礼 ······················ 52

实验三　微生物的生理生化特性试验 ··· 53

（一）大分子物质的水解试验 ·· 53

（二）糖发酵试验 ·· 57

（三）IMViC试验与硫化氢试验 ·· 59

思政小课堂　"共和国勋章"获得者：袁隆平 ······························ 62

第二章
细胞生物学实验技术

第一节　细胞生物学基本实验技术 ·· **63**

实验一　细胞膜的渗透性 ·· 63

拓展阅读　1974年诺贝尔生理学或医学奖：细胞结构和功能组织的发现 ······ 65

实验二　血细胞观察和人ABO血型鉴定 ··· 65

实验三　生物组织石蜡切片技术 ·· 69

实验四　苏木精-伊红染色法 ·· 72

实验五　DNA的显示——Feulgen反应 ·· 75

拓展阅读　1978年诺贝尔生理学或医学奖：限制性内切酶 ······················ 77

实验六　细胞内DNA和RNA的区分显示 ··· 78

拓展阅读　1989年诺贝尔生理学或医学奖：逆转录病毒癌基因及其细胞起源 ······ 80

实验七　细胞内碱性蛋白质和酸性蛋白质的显示 ····································· 80

拓展阅读　1994年诺贝尔生理学或医学奖：G蛋白及其在细胞转导中的作用 ······ 82

实验八　细胞内过氧化物酶的显示 ·· 82

实验九　过碘酸希夫反应（PAS）——显示细胞内糖原 ······························ 84

拓展阅读　1997年诺贝尔化学奖：合成三磷酸腺苷的酶促机理 ·················· 85

实验十　苏丹Ⅲ染色——显示细胞内脂肪 ·· 86

第二节　细胞生物学综合研究型实验 ·· **88**

实验一　小鼠骨髓染色体标本的制备与观察 ··· 88

思政小课堂　"共和国勋章"获得者：屠呦呦 ······························ 90

实验二　动植物细胞骨架的玻片制备方法和观察 ····································· 90

实验三　动物细胞的传代培养 ··· 92

思政小课堂　"人民英雄"国家荣誉称号获得者：陈薇 ······················ 96

实验四　植物细胞的有丝分裂 ··· 96

第三章
分子生物学实验技术

第一节　分子生物学基础实验技术 ·· **99**

　　实验一　聚合酶链式反应（PCR） ·· 99

　　拓展阅读　1993年诺贝尔生理学或医学奖：PCR技术 ································· 101

　　实验二　DNA琼脂糖凝胶电泳 ··· 101

　　实验三　DNA酶切及片段回收 ··· 103

　　实验四　DNA重组 ··· 106

　　拓展阅读　2002年诺贝尔生理学或医学奖：器官发育和程序性细胞死亡的基因调节 ··· 107

　　实验五　大肠杆菌化学感受态的制备及质粒DNA转化 ································ 108

　　实验六　质粒提取及电泳分析 ··· 110

　　拓展阅读　2020年诺贝尔生理学或医学奖：丙型肝炎病毒的发现 ············· 112

　　实验七　重组子的蓝白斑筛选 ··· 113

第二节　分子生物学综合研究型实验 ·· **114**

　　葡萄功能基因表达载体的构建 ··· 114

　　Ⅰ　葡萄组织总RNA提取（离心柱法） ··· 114

　　思政小课堂　"人民英雄"国家荣誉称号获得者：张定宇 ·························· 116

　　Ⅱ　RNA质量及浓度检测 ·· 117

　　Ⅲ　RT-PCR及目的产物回收 ··· 118

　　Ⅳ　目的产物与克隆载体连接、转化及阳性克隆重组子的筛选 ················ 120

　　Ⅴ　克隆重组子及表达载体酶切、连接、转化及表达重组子筛选 ············ 122

参考书目 ··· **124**

绪论

一、生物技术基础实验的主要内容

《微生物学实验》《细胞生物学实验》及《分子生物学实验》三门实验课程在生物技术、生物工程、酿酒工程、食品科学与技术、食品质量与安全、制药工程、生物制药等专业培养体系中占有重要的基础性地位。基于各个高校多年的微生物学、细胞生物学、分子生物学实验项目开设经验，本教程保留了基础的实验内容，增加了近年来新出现的生物技术相关知识和实验，并对部分实验内容进行了调整和更新；更加注重所述实验方法的常用性与先进性，同时注重语言的简洁性与条理性，以保证实验方法的可操作性。

此外，在微生物学实验、细胞生物学实验及分子生物学实验三大部分内容中分别设置了基本实验技术和综合研究型实验两部分内容。其中，基本实验技术部分为学生提供了一个验证理论知识、学习这一领域中有关实验技术的机会，所涉及的实验技术都是比较成熟、易于成功的，且在生物技术相关领域的科研工作和其他工作中广泛应用的。通过这些相关实验技术的学习能够训练学生观察、记录、分析、判断和推理等能力，培养学生科学解释实验结果、清晰而富有逻辑表达实验结果的能力。综合研究型实验内容将按部就班的实验思维模式转变为以问题为导向、有清晰思路和技术路线的思维模式；将单一的实验技能训练转变为基础训练与综合设计、创新能力培养并重，以期培养学生的团队合作能力及独立解决问题的能力。因此，本书所涵盖的丰富的实验内容能为学生们正式走上科学研究或其他工作岗位提供一定的科学指导和技能训练。

二、实验室安全规则

生物技术实验不仅能使学生验证所学的微生物学、细胞生物学、分子生物学的理论，而且也有助于提高学生的动手能力和思维能力，使学生树立生物技术实验操作规范意识和严谨的科学态度。与此同时，在生物技术实验教学中，指导教师应该强调学生遵守实验注意事项，特别是实验室安全。

为保证实验室安全，进入实验室的学生须严格遵守以下实验室安全规则：

① 实验室是教学、科研的重要场所，进入实验室的一切人员，应遵守实验室的各项规章制度，维护实验室秩序。

② 进入实验室之前要换好实验服及拖鞋或穿戴好鞋套。

③ 按时到达实验室，不得迟到或早退。严禁在实验室内吸烟、饮食，以及进行与实验无关的活动。实验中途因故需外出时应向任课教师请假。

④ 实验前应做好预习准备工作，明确实验目的、实验原理和实验步骤，初步了解实验仪器的性能及操作方法等。

⑤ 实验中发生异常情况，应及时向指导教师报告并进行安全处理。

⑥ 保持实验室安静，不许在实验室内大声喧哗及随意走动。

⑦ 实验室内各组仪器及器材由各组单独使用，不得互相调换。要爱护仪器、标本和设备。如遇仪器损坏或不灵，应及时报告任课教师，以便修理或更换，不要自行乱修。损坏器材或设备者应按有关规定进行赔偿。

⑧ 注意节约实验材料、药品，节约用水、电等。

⑨ 保持实验室内清洁整齐。实验结束后，各组必须认真清理各自的实验台面，将器材清洗后点清数目，然后摆放整齐。班级值日生负责清扫室内卫生，关好水、电开关和门、窗等，经教师允许后方可离开实验室。

⑩ 实验废物应放到指定地点，不得随意乱丢。

⑪ 有不遵守上述要求者，任课老师将终止其实验，并取消其当堂实验成绩。

除此之外，生物安全意识要不断加强。所谓的生物安全，一般是指由现代生物技术开发和应用对生态环境和人体健康造成的潜在威胁，及对其所采取的一系列有效预防和控制措施。2020 年 10 月 17 日，第十三届全国人大常委会第二十二次会议表决通过了《中华人民共和国生物安全法》，这部法律自 2021 年 4 月 15 日起施行。本书中分子生物学综合研究型实验"葡萄功能基因表达载体的构建"涉及基因工程实验技术，虽然有众多争议，但是基因工程技术的发展日新月异，基因工程操作和相关法律法规也日益完善，基因工程的危险可降至最小，更好地为人类造福。

三、实验注意事项和安全规范

常见生物技术实验过程中的注意事项和安全规范如下：

① 称量固体试剂，应用硫酸纸，不可用滤纸。量筒是量器，不可用作容器。

② 取用试剂和溶液后，应立即将瓶塞塞严，放回原处。取用的试剂和标准溶液，如未用尽，切勿倒回瓶内，以免污染。

③ 使用有挥发性或毒性的试剂、进行有异味气体产生的实验操作时，均应在通风橱内。试剂用后严密封口，尽量缩短操作时间，减少外泄。操作者最好戴口罩和手套进行操作。

④ 使用离心机前必须配平样品，离心过程中若有异常的噪声立即停止机器，关闭电源后方可仔细查找原因，故障排除前不得继续使用离心机。低温离心结束后，离心机应敞开晾

至室温并清理凝结水后方可关闭。操作中如有样品不慎洒入离心机的管槽或底盘，必须及时清理后才能继续使用。

⑤ 应在老师指导下使用贵重或精密仪器，并严格遵守操作规程，如遇试剂溅污仪器，及时用洁净纱布擦拭。发生故障时，应立即关机，告知带习老师，不得擅自拆修。

⑥ 使用电器设备（如烘箱、恒温水浴锅、离心机和电泳仪等）时，严防触电，绝不可用湿手开关电闸合电器开关。

⑦ 使用高压灭菌锅时，人不得离开。易燃、易爆、腐蚀和有毒的试剂，不能放入高压灭菌锅内消毒，以防爆炸，造成人员伤亡。

⑧ 使用可燃物，特别是易燃物（如乙醚、丙酮和乙醇等）时，应特别小心。

⑨ 凡使用腐蚀性试剂（如浓酸和浓碱等），必须极为小心地操作，防止溅出，一旦有洒出，立即用自来水冲洗。

⑩ 最后离开实验室时，一定要将室内检查一遍，将水电等关好，门窗锁好。

第一章
微生物学实验技术

·• 实验一　普通光学显微镜的构造、性能及使用方法 •·

一、目的要求

1. 了解普通光学显微镜的结构、各部分的功能及成像原理。
2. 掌握普通光学显微镜的正确使用及维护方法。

二、基本原理

微生物个体微小，一般用肉眼难以直接观察其形态结构，需借助于显微镜对其进行观察和研究。因此，熟悉显微镜的结构和功能、熟练掌握其操作技术是研究微生物不可缺少的手段。

显微镜可分为电子显微镜和光学显微镜两大类。光学显微镜包括明视野显微镜、暗视野显微镜、相差显微镜、偏光显微镜、荧光显微镜、紫外显微镜及立体显微镜等。其中，以明视野显微镜（简称显微镜）较为常用，其他显微镜都是在此基础上发展而来的，基本结构相同，只是在某些部分做了一些改变。

1. 显微镜的构造

显微镜的基本构造可分为机械系统和光学系统两大部分（图1-1）。

（1）机械系统

① 镜座（base）：在显微镜的底部，呈马蹄形、长方形、三角形等。

② 镜臂（arm）：连接镜座和镜筒之间的部分，呈圆弧形，作为移动显微镜时的握持部分。

③ 镜筒（tube）：位于镜臂上端的空心圆筒，是光线的通道。镜筒的上端可插入接目镜，下面与转换器相连。镜筒的长度一般为160mm。显微镜分为直筒式或斜筒式；有单筒式的，也有双筒式的。

④ 转换器（nosepiece）：位于镜筒下端，是一个可以旋转的圆盘。转换器有 3～4 个孔，用于安装不同放大倍数的接物镜。

⑤ 载物台（stage）：支持被检标本的平台，呈圆形或方形。中央有孔可透过光线，台上有用来固定标本的夹子和标本移动器。

⑥ 调焦旋钮：包括粗调焦旋钮（coarse adjustment knob）和细调焦旋钮（fine adjustment knob），用于调节镜筒或载物台上下移动的装置。

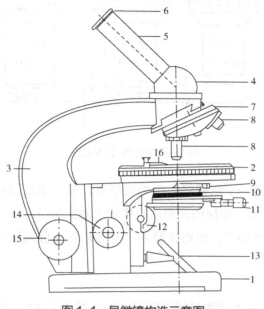

图 1-1　显微镜构造示意图

1—镜座；2—载物台；3—镜臂；4—棱镜套；5—镜筒；6—接目镜；7—转换器；8—接物镜；9—聚光器；
10—虹彩光圈；11—光圈固定器；12—聚光器升降螺旋；13—反光镜；14—细调焦旋钮；15—粗调焦旋钮；16—标本夹

（2）光学系统

① 接物镜（objective lens）：常称为镜头，简称物镜，是显微镜中最重要的部分，由许多块透镜组成。其作用是将标本上的待检物进行放大，形成一个倒立的实像，一般显微镜有 3～4 个物镜，在物镜上经常标有两组数字（图 1-2）。根据使用方法的差异，物镜可分为干燥和油浸系两种。干燥系物镜包括低倍物镜（4～10×）和高倍物镜（40～45×），使用时物镜与标本片之间的介质是空气；油浸系物镜（90～100×）在使用时，物镜与标本片之间加有一种折射率与玻璃折射率几乎相等的油类物质（如香柏油）作为介质。油浸镜镜头上常刻有 OI（oil immersion）或 HI（homogeneous immersion）字样，有的还刻有一圈红线或黑线标记，油浸镜的放大倍数和数值孔径（numerical aperture）最大，而工作距离最短。

② 接目镜（eyepiece lens）：通常称为目镜，一般由 2～3 块透镜组成。其作用是将由物镜所造成的实像进一步放大，并形成虚像而反映于眼，目镜上也刻有表示放大倍数的标志

（如 8×、10×、16×）一般显微镜的标准目镜是 10×，小于 10×的目镜用得不多。

③ 聚光器（condenser）：位于载物台的下方，由两个或几个透镜组成，其作用是将由光源来的光线聚成一个锥形光柱。聚光器可以通过位于载物台下方的聚光器升降螺旋进行上下调节，以获得最适光度。聚光器还附有虹彩光圈（iris diaphragm），借此调节锥形光柱的角度和大小，以控制进入物镜的光量。

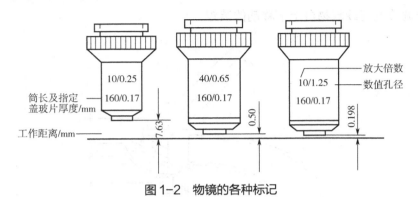

图 1-2　物镜的各种标记

④ 反光镜：反光镜是一个双面镜，一面是平面，另一面是凹面，具有把外来光线变成平行光线进入聚光器的作用。使用内光源的显微镜无需反光镜。

⑤ 光源：日光和灯光均可，以灯光较好，其光色和光强都比较容易控制，有的显微镜采用装在底座的内光源。

2. 显微镜的成像原理

显微镜的放大作用是由物镜和目镜共同完成的。图 1-3 中把物镜和目镜均以单块透镜表示。物体 AB 位于物镜前方，离开物镜的距离应该在物镜的一倍焦距和两倍焦距之间，根据物理学的原理，形成一个倒立的放大实像 A1B1，再经目镜放大为正立的虚像 A2B2 后供眼睛观察（图 1-3）。

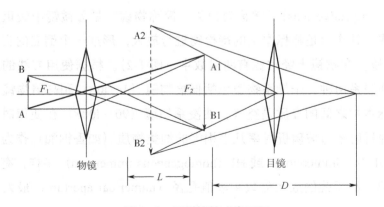

图 1-3　显微镜的成像原理

AB—物体；A1B1—物镜放大图像；A2B2—目镜放大图像；F_1—物镜的焦距；F_2—目镜的焦距；
L—光学镜筒长度（即物镜后焦点与目镜前焦点之间的距离）；D—明视距离（人眼的正常明视距离为 2250mm）

3. 显微镜的性能

（1）分辨力

显微镜的分辨力（resolving power）是指显微镜将样品中相互接近的两点清晰分辨出来的能力。它主要取决于物镜的分辨力，而物镜的分辨力是所用光的波长和物镜数值孔径的函数。分辨力用镜头所能分辨出的两点间最小距离表示，距离越小，分辨力越好。其关系如下：

$$D=\lambda/2NA \tag{1-1}$$

式中，λ 为入射光的波长；NA 为物镜的数值孔径；D 为显微镜的分辨力。

从式（1-1）可见，减小入射光的波长，可以提高分辨力；但由于可见光波长范围比较窄（约为 $0.38\sim0.77\mu m$），利用紫外光源只适用于显微摄影而不能用于直接观察。因此，提高分辨力的最好方法还是增加数值孔径。

物镜的数值孔径（numberical aperture，NA）表示从聚光器发出的锥形光柱照射在观察的标本上，能被物镜所聚集的量。它由式（1-2）决定：

$$NA=n\sin\theta \tag{1-2}$$

式中，n 为标本和物镜之间介质的折射率；θ 为由光源投射到透镜上的光线和光轴之间的最大夹角。

经由聚光器投射到样品上的光束呈锥形，如果形成的光锥角度较小，其经过载玻片后就无法充分伸展并使形成的物像中紧密靠近的细节分开，分辨力就低。相反，如果光锥的角度较大，被观察对象的细节就可以分得更开从而被看清。因此，在显微镜的光学系统中，物镜的性能最为关键，直接影响着显微镜的观察效果。物镜的放大倍数越高，工作距离（焦距）越短，θ 越大，分辨力越高（图1-4）。

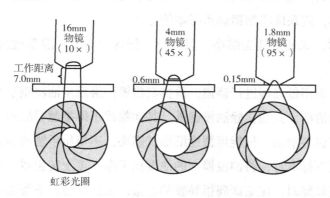

图1-4　物镜的放大倍数、工作距离和虹彩光圈的关系

以空气为介质时（$n=1.00$），数值孔径不超过 1；将数值孔径提高到 1.00 以上，获得更高分辨力的唯一可行方法是增加载玻片和物镜镜头之间的介质折射率，这也是使用油浸镜时

需要在载玻片和镜头之间加滴镜油的首要原因。各种物质的折射率见表1-1，其中香柏油是使用最为广泛的油浸镜镜油。物镜上标有数值孔径，低倍镜（10×）为0.25，高倍镜（40×）为0.65，油浸镜（100×）为1.25。这些数值是在其他条件都适宜情况下的最高值，实际使用时，往往低于所标的值。

表1-1　各种物质的折射率

介质	空气	水	石蜡油	香柏油	玻璃	香脂	溴化萘
折射率（21℃）	1.00	1.33	1.46	1.51	1.52	1.53	1.60

聚光器也有一定的数值孔径，常用阿贝聚光器的NA值是1.25，有的可达1.40。

在聚光器和标本片之间加香柏油，也能提高数值孔径。聚光器的NA可用虹彩光圈来调节，此值和所用物镜的NA值相配合，最好是等于或稍大于物镜的NA值，以便使进入物镜的光柱达到正好能够均匀照满物镜背面透镜的程度。

（2）放大倍数、焦距和工作距离

显微镜的放大倍数是物镜放大倍数和目镜放大倍数的乘积。放大倍数一样时，由于目镜和物镜搭配不同，其分辨力也不同。如数值孔径大的40倍物镜和5倍目镜相搭配，其分辨力比数值孔径小的10倍物镜和20倍目镜相搭配时要高些。一般来说，增加放大倍数应该是尽量用放大倍数高的物镜。物镜的放大倍数越大，焦距就越短，物镜和样品之间距离（工作距离）便越短。在观察时必须注意防止损坏样品或透镜。

4. 显微镜的使用指南

① 移动显微镜时，要一手握持镜臂，一手托着镜座。

② 使用时，应通过调整凳子高度，以便能舒适地观察，勿将显微镜倾斜。

③ 在观察标本时，应两眼同时睁开，这样既能同时绘图，又能减少疲劳。

④ 调焦应细心，应采取将物镜调离标本的方法。

⑤ 用低倍镜时，光圈要适当缩小，以获得较好的对比度。随着放大倍数的增大，所需要的光量也要增大。

⑥ 镜检时，应先用低倍镜进行调焦，再换高倍镜，最后用油浸镜进行观察。

⑦ 保持载物台清洁、无油。除油浸镜外，其他物镜不得接触香柏油。

⑧ 所有透镜应保持清洁，只能用擦镜纸擦拭镜头，不得用手触摸透镜。

⑨ 结束后，取下标本片，将油浸镜上的油擦拭干净，盖上防尘罩，放回箱中。

⑩ 显微镜发生故障时，应立即向指导教师汇报，未经同意，不得随便更换显微镜。

三、实验器材

1. 器材：显微镜、擦镜纸、香柏油等。

2. 标本：酵母菌示教标本。

四、操作步骤

1. 显微镜的操作

① 将显微镜平稳地置于实验台上，使其与镜检者间的距离适中，镜检者姿势要端正，一般用左眼观察，右眼用于绘图或记录。

② 采光：直射的阳光光线过强会影响物像的清晰，刺激眼睛，反射热会损坏光学装置，一般以间接日光为宜。采用白炽灯为光源时，应在聚光器下加一蓝色滤光片，以除去黄色光。转动反光镜，使光线集中于聚光器，升降聚光器和调节光圈；如为染色标本需用高倍镜或油浸镜观察时，应上升聚光器，扩大光圈，以获得较大的光量。

③ 固定标本：将标本固定在载物台上，将欲检部位移至物镜正下方。

④ 低倍镜观察：待检标本须先用低倍镜观察，因低倍镜视野较大，易发现目标和确定观察的位置。转动转换器将低倍镜转入光路，再转动粗调焦旋钮，使镜筒下降至物镜与标本片之间距离小于工作距离，调节聚光器和光圈，以获得合适的光量，由目镜观察，同时用粗调焦旋钮慢慢地升起镜筒，直至物像在视野中出现后，再用细调焦旋钮调节至物像清晰为止。绘图记录，或将合适的目的物移至视野中心，准备用高倍镜观察。

⑤ 高倍镜观察：显微镜的所有物镜一般是共焦点的，因此用低倍镜对准焦点后，将高倍镜转入光路，基本上也是对焦点的，只要稍转动细调焦旋钮即可获得清晰的图像。勿忘调节光量。有些简易的显微镜不是共焦点的，或者由于物镜的更换而不能达到"共焦点"，就要采取上述调焦方法，待获得清晰物像后，绘图记录或继续用油浸镜进行观察。

⑥ 油浸镜观察：在高倍镜下找到合适的观察目标并将其移至视野中心，将高倍镜转离工作位置，在待观察的样品区域滴上一滴香柏油，将油浸镜转到工作位置，油浸镜镜头此时应正好浸泡在镜油中。将聚光器升至最高位置并开足光圈，若所用聚光器的数值孔径（NA）超过1.0，还应在聚光器与载玻片之间也加滴香柏油，保证其达到最大的效能。调节照明使视野的亮度合适，微调细调焦旋钮使物像清晰，利用推进器移动标本仔细观察并记录所观察到的结果。

⑦ 显微测微尺的使用：显微测微尺分为目镜测微尺和镜台测微尺，两尺配合使用。目镜测微尺是一个放在目镜像平面上的玻璃圆片，圆片中央刻有一条直线，此线被分为若干格，每格代表的长度随不同物镜的放大倍数而异。因此，用前必须测定。需要镜台测微尺校正为绝对长度再测定细胞大小。镜台测微尺是在一个载玻片中央封固的尺，长1mm（1000μm），被分为100格，每格长度是10μm（图1-5）。

将镜台测微尺放在显微镜的载物台上夹好，小心转动目镜测微尺和移动镜台测微尺使两尺平行，记录镜台测微尺若干格所对应的目镜测微尺的格数。

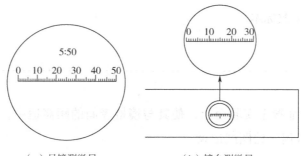

（a）目镜测微尺　　　　　　　（b）镜台测微尺

图1-5　目镜测微尺和镜台测微尺示意图

（目镜测微尺每分度值0.1mm，镜台测微尺每分度值10μm）

按式（1-3）求出目镜测微尺每格代表的长度：

$$目镜测微尺每格代表的长度（\mu m）= \frac{镜台测微尺的若干格数}{对应目镜测微尺的格数} \times 10 \qquad (1\text{-}3)$$

⑧ 显微镜使用完毕后，取下标本片，用绸布擦净显微镜的金属部件，用擦镜纸擦拭镜头。

⑨ 将各部分复原，反光镜垂于镜座，将物镜转成"八"字形，将镜筒下降到最低位置，同时把聚光器降下，以免与物镜相碰。

⑩ 罩上显微镜防尘套，将其放回箱中。

2. 实物观察

① 根据基本原理，对照实物，熟悉显微镜的构造。

② 按显微镜的使用方法，分别用低倍镜和高倍镜对酵母菌示教标本进行观察。

五、思考题

1. 哪个物镜的工作距离最短？哪个最长？

2. 哪些部件控制着到达物镜的光量？

3. 有哪些方法可以提高显微镜的分辨力？

4. 光学显微镜为什么不能无限放大？

5. 在使用油浸镜时，应注意哪些问题？

·· 实验二　细菌涂片及革兰氏染色与芽孢染色法 ··

一、目的要求

1. 学习细菌的涂片。

2. 学习并掌握细菌革兰氏染色与芽孢染色的方法。

二、基本原理

1. 涂片

染色前必须先固定细菌：一是杀死细菌，固定其细胞结构；二是保证菌体能牢固地黏附在载玻片上，以免水洗时被水冲掉；三是改变菌体对染料的通透性，一般死细胞原生质容易着色。

常用的固定方法有加热固定和化学固定两种。固定时应尽量维持细胞原有形态，防止细胞膨胀或收缩。

2. 染色

细菌的细胞小而透明，在普通光学显微镜下不易识别，必须对它们进行染色，使经染色后的菌体与背景形成明显的色差，从而能更清楚地观察到其形态和结构。

（1）革兰氏染色法

革兰氏染色法是细菌学中广泛使用的一种鉴别染色法。细菌先经碱性染料结晶紫染色，再经碘液媒染后，用乙醇脱色，在一定条件下有的细菌紫色不被脱去，有的可被脱去，因此可把细菌分为两大类，前者叫作革兰氏阳性菌（G^+），后者为革兰氏阴性菌（G^-）。为观察方便，脱色后再用一种红色染料如碱性番红等进行对比染色。革兰氏阳性菌仍带紫色，革兰氏阴性菌则被染上红色。

关于革兰氏染色，目前有三种观点：等电点学说、化学学说和渗透学说。

① 等电点学说：革兰氏阳性菌的等电点在 pH 2～3，比革兰氏阴性菌（pH 4～5）低，加之碘为弱氧化剂，可降低革兰氏阳性菌的等电点，致使两类菌的等电点差异扩大，因此革兰氏阳性菌和碱性染料的结合力比革兰氏阴性菌更强。

② 化学学说：碘液在菌体内与结晶紫结合后又和菌体内核糖核酸镁盐-蛋白质复合物结合，此结合物不易被丙酮-乙醇脱掉，呈革兰氏染色阳性。因革兰氏阴性菌缺乏核糖核酸镁盐，故对碘与结晶紫结合物摄取少，且不牢固，易被丙酮-乙醇脱色而呈革兰氏染色阴性。

③ 渗透学说：乙醇使革兰氏阳性菌细胞壁所含肽聚糖脱水而致细胞壁间隙缩小，通透性降低，在菌体内保留了染料-碘复合物，呈紫色。革兰氏阴性菌含肽聚糖少，细胞壁变化不大，通透性不受影响，菌体内的染料-碘复合物较易透出，失去紫色，被对比染色成红色。

（2）芽孢染色法

细菌的芽孢具有厚而致密的壁，透性低、不易着色，若用一般染色法只能使菌体着色而芽孢不着色（芽孢呈无色透明状）。

芽孢染色法就是根据芽孢既难以染色，而一旦染上后又难以脱色这一特点设计的。所有的芽孢染色法都基于同一个原则；除了用着色力强的染料外，还需要加热，以促进芽孢着色，再使菌体脱色，而芽孢上的染料则难以渗出，故仍保留原有的颜色，然后用对比度强的染料对菌体进行对比染色，使菌体和芽孢呈现出不同的颜色，因而能更明显地衬托出芽孢，便于观察。

三、实验器材

1. 菌种：大肠埃希氏菌（简称大肠杆菌，*Escherichia coli*）16h 牛肉膏蛋白胨琼脂斜面培养物、金黄色葡萄球菌（*Staphylococcus aureus*）16h 牛肉膏蛋白胨琼脂斜面培养物、枯草芽孢杆菌（*Bacillus subtilis*）16h 及 28h 牛肉膏蛋白胨琼脂斜面培养物。

2. 试剂：草酸铵结晶紫液、卢戈碘液、95%乙醇、番红复染液、5%孔雀绿水溶液、0.5%番红水溶液。

3. 其他：显微镜、载玻片、接种环、酒精灯、0.9%生理盐水、香柏油、二甲苯等。

四、操作步骤

1. 涂片与染色的一般过程

（1）涂片

在洁净无油腻的载玻片中央滴一小滴生理盐水，用无菌操作（见图1-6）挑取少量菌体与水滴充分混匀，涂成极薄的菌膜，涂布面积约 1cm²。

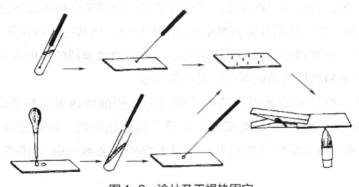

图1-6　涂片及干燥热固定

（2）干燥

涂片最好在室温下使其自然干燥，有时为了使之干得更快些，可将标本面向上，手持载玻片一端，小心地在酒精灯上高处微微加热（图1-6），使水分蒸发，但切勿紧靠火焰或加热时间过长，以防标本烤枯而变形。

（3）固定

涂片面向上，在酒精灯火焰外层尽快来回通过 2～3 次（用手背触涂片反面，以不烫手为宜），待载玻片冷却后，再加染料。

（4）染色

在已固定的涂片上加适量染液，以盖满菌膜为度，染色1~3min。

（5）水洗

倾去染液，用细流水冲洗涂片的背面，直至流下的水无染液的颜色时为止。

（6）干燥

自然干燥或用吸水纸轻轻吸去水分（注意勿擦去菌体）。

（7）镜检

以低倍镜找到着色良好的部位，再用油浸镜观察。

2. 革兰氏染色法具体操作

涂片→干燥→固定→草酸铵结晶紫染色（1min）→水洗→卢戈碘液媒染（1min）→水洗→95%乙醇脱色（30s）→水洗→番红对比染色（1min）→水洗→干燥→镜检

革兰氏染色法的关键在于严格掌握乙醇脱色程度。如脱色过度，则阳性菌被误认为阴性菌；而脱色不够时，阴性菌被误认为阳性菌。此外，菌龄也影响染色结果，如阳性菌培养时间很长或已死亡及部分自行溶解，都常呈阴性反应。染色程序见图1-7。

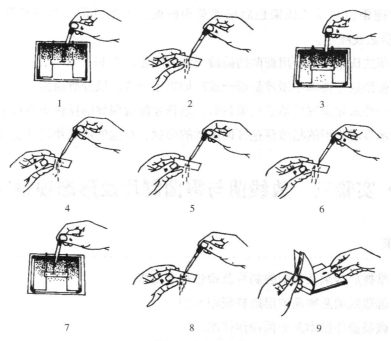

图1-7　革兰氏染色法的操作程序

1—加草酸铵结晶紫染色1min；2—水洗；3—加卢戈碘液媒染1min；4—水洗；5—乙醇脱色约30s；
6—水洗；7—番红对比染色约1min；8—水洗；9—用吸水纸吸干

3. 芽孢染色法具体操作

① 将培养24h左右的枯草芽孢杆菌做涂片、干燥、固定。

② 将孔雀绿染液滴加 3～5 滴于已固定的涂片上。

③ 用木夹夹住载玻片在火焰上加热,使染液冒蒸汽但勿沸腾,切忌使染液蒸干,必要时可添加少许染液。加热时间从染液冒蒸汽时开始计算约 5～7min。这一步也可不加热,改用饱和的孔雀绿水溶液(约 7.6%)染色 10min。

④ 倾去染液,待载玻片冷却后水洗至孔雀绿不再褪色为止。

⑤ 用番红水溶液对比染色 1～3min,水洗。

⑥ 待干燥后,置于油浸镜下观察,芽孢呈绿色,菌体呈红色。用于芽孢染色的枯草芽孢杆菌至少培养 24h 以上,保证有菌体生成芽孢。

注意事项

[1] 标本涂片不能太厚,严格按操作要求进行。

[2] 载玻片通过火焰温度不能太高。

[3] 若涂片较厚,应延长脱色时间,直至不再出现紫色为止。

五、思考题

1. 绘出芽孢染色与革兰氏染色后枯草芽孢杆菌、大肠杆菌、金黄色葡萄球菌的形态图,注明放大倍数及颜色。

2. 为什么革兰氏染色法所用细菌的菌龄一般不能超过 24h?

3. 你的实验结果与课本中所述是否一致? 如果不一致,试分析原因。

4. 当你对一株未知菌进行革兰氏染色时,怎样才能确保你的操作正确且结果可靠?

5. 绘图表示你观察到的枯草芽孢杆菌菌体的形状、芽孢的形状及其着生位置。

·· 实验三　放线菌与霉菌制片及形态观察 ··

一、目的要求

1. 学习并掌握放线菌及霉菌的制片及染色基本技术。

2. 初步了解放线菌及霉菌的形态特征和区别。

3. 巩固显微镜操作技术及无菌操作技术。

二、基本原理

1. 放线菌

放线菌菌丝体由基内菌丝、气生菌丝和孢子丝组成。制片时不能采取涂片法,以免破坏细胞及菌丝体形态。在显微镜下直接观察时,气生菌丝在上层,基内菌丝在下层;气生菌丝色暗，基内菌丝较透明。孢子丝依种类的不同，有直、波曲、各种螺旋形或轮生。在油浸镜下观察，放线菌的孢子有球形、椭圆、杆状或柱状。能否产生菌丝体及孢子丝、孢子的形态特征是放线菌分类鉴定的重要依据。

通常采用插片法、玻璃纸法或印片法并结合菌丝体简单染色对放线菌进行观察。

（1）插片法

先将灭菌盖玻片插入接种有放线菌的平板，使放线菌沿盖玻片和培养基交接处生长而附着在盖玻片上，取出盖玻片可直接在显微镜下观察放线菌在自然生长状态下的形态特征，而且有利于对不同生长时期的放线菌形态进行观察。

（2）玻璃纸法

采用的玻璃纸是一种透明的半透膜，将放线菌菌种接种在覆盖在固体培养基表面的玻璃纸上，水分及小分子营养物质可透过玻璃纸被菌体吸收利用，而菌丝体不能穿过玻璃纸而与培养基分离，观察时只要揭下玻璃纸转移到载玻片上，即可镜检观察。

（3）印片法

由于孢子丝形态、孢子排列及形状是放线菌重要的分类学指标，还可采用印片法将放线菌菌落或菌苔表面的孢子丝印在载玻片上，经简单染色后观察。

2. 霉菌

霉菌菌丝体由基内菌丝、气生菌丝和繁殖菌丝组成，其菌丝比放线菌的粗几倍到几十倍。霉菌菌丝体及孢子的形态特征是识别不同种类霉菌的重要依据。可以采取直接制片观察法和透明胶带法用低倍镜观察，也可以采取载玻片培养观察法，通过无菌操作将薄层培养基琼脂置于载玻片上，接种后盖上盖玻片培养，使菌丝体在盖玻片和载玻片之间的培养基中生长，将培养物直接置于显微镜下可观察到霉菌的自然生长状态，并可连续观察不同发育期的菌体结构特征变化。霉菌可利用乳酸石炭酸棉蓝染液进行染色，盖上盖玻片后制成霉菌制片镜检。其中石炭酸可以杀死菌体及孢子并可以防腐，乳酸可以保持菌体不变形，而棉蓝可使菌体着色。同时，这种霉菌制片不易干燥，能防止孢子飞散，用树胶封固后可制成永久标本长期保存。

三、实验器材

1. 菌种：球孢链霉菌（*Streptomyces globisporus*）3～5d 高氏Ⅰ号培养基平板培养物、细黄链霉菌（*Streptomyces microflavus*）或淡灰链霉菌（*Streptomyces glaucus*）3～5d 高氏Ⅰ号培养基平板培养物、黑曲霉（*Aspergillus niger*）48h 马铃薯琼脂平板培养物、黑根霉（*Rhizopus stolonifer*）48h 马铃薯琼脂平板培养物。

2. 试剂：齐氏石炭酸品红染液、吕氏亚甲蓝染液、乳酸石炭酸棉蓝染液、生理盐水、50%乙醇、20%甘油、高氏Ⅰ号培养基平板、马铃薯琼脂薄层平板等。

3. 其他：酒精灯、载玻片、盖玻片、显微镜、香柏油、二甲苯、擦镜纸、接种环、接种铲、接种针、镊子、载玻片夹子、载玻片支架、玻璃纸、平皿、玻璃涂棒、U 形玻璃棒；滴管、解剖针、解剖刀等。

四、操作步骤

1. 放线菌制片及简单染色

（1）插片法

① 接种：无菌操作分别挑取球孢链霉菌、细黄链霉菌或淡灰链霉菌菌种斜面培养物在高氏 I 号培养基平板上密集划线接种。

② 插片：无菌操作用镊子取灭菌盖玻片以约 45°插入平板接种线上。

③ 培养：将平板倒置，于 28℃培养 3～5d。

④ 镜检：用镊子小心取出盖玻片，用纸擦去背面培养物，有菌面朝上放在载玻片上，直接用低倍镜和高倍镜镜检观察（在盖玻片菌体附着部位滴加 1g/L 吕氏亚甲蓝染液染色后观察效果更好）。

（2）玻璃纸法

① 铺玻璃纸：采用无菌操作用镊子将已灭菌（155～160℃干热灭菌 2h）玻璃纸片（盖玻片大小）平铺在高氏 I 号培养基平板表面，用接种铲或无菌玻璃涂棒将玻璃纸压平并去除气泡，每个平板可铺约 10 块玻璃纸。

② 接种：无菌操作分别由球孢链霉菌、细黄链霉菌或淡灰链霉菌菌种斜面培养物挑取菌种在玻璃纸上划线接种。

③ 培养：将平板倒置，于 28℃培养 3～5d。

④ 镜检：在载玻片中央滴一小滴水，用镊子从平板上取下玻璃纸片，菌面朝上放在水滴上，使其紧贴在载玻片上，勿留气泡，直接用低倍镜和高倍镜镜检。

（3）印片法

① 印片：用解剖刀从不同的链霉菌培养平板分别切取一小块（菌苔连同培养基）置于载玻片上，菌面朝上，用另一载玻片轻轻在菌苔表面按压，使孢子丝及气生菌丝附着在载玻片上。

② 固定：将按压的载玻片有印迹一面朝上，通过火焰 2～3 次。

③ 染色：用石炭酸品红染液染色 1min，水洗，晾干。

④ 镜检：用油浸镜观察孢子丝形态特征。

注意事项

[1] 在插片法和玻璃纸法操作过程中，注意在移动附着有菌体的盖玻片或玻璃纸时勿碰触菌丝体，必须菌面朝上，以免破坏菌丝体形态。

[2] 在插片法和玻璃纸法观察时，宜用略暗光线；先用低倍镜找到适当视野，再换高倍

镜观察。

[3] 在印片过程中，不要用力过大压碎琼脂，也不要拖动。染色水洗时水流要缓，以免破坏孢子丝形态。

2. 霉菌制片及简单染色

(1) 直接制片观察法

滴一滴乳酸石炭酸棉蓝染液于载玻片上，用镊子从黑曲霉或黑根霉马铃薯琼脂平板培养物中取菌丝，先放入50%乙醇中浸一下洗去脱落的孢子，然后置于染液中，用解剖针小心将菌丝分开，去掉培养基，盖上盖玻片，用低倍镜和高倍镜镜检。

(2) 透明胶带法

① 滴一滴乳酸石炭酸棉蓝染液于载玻片上。

② 用食指与拇指黏在一段透明胶带两端，使透明胶带呈U形，胶面朝下（图1-8）。

③ 将透明胶带胶面轻轻触及黑曲霉或黑根霉菌落表面。

④ 将黏在透明胶带上的菌体浸入载玻片上的乳酸石炭酸棉蓝染液中，并将透明胶带两端固定在载玻片两端，用低倍镜和高倍镜镜检。

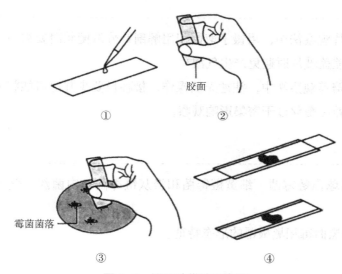

图1-8　透明胶带法示意图

(3) 载玻片培养观察法

① 培养小室准备及灭菌：在平皿皿底铺一张略小于皿底的圆滤纸片，在其上面放一个U形玻璃棒，在U形玻璃棒上放一块载玻片和两块盖玻片，盖上皿盖，于121℃灭菌30min，烘干备用 [图1-9 (a)]。

② 琼脂块制备：通过无菌操作，用解剖刀由马铃薯琼脂薄层平板上切下1cm²左右的琼脂块，将其移至培养小室的载玻片上，每片两块 [图1-9 (b)]。

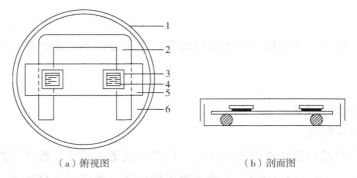

（a）俯视图　　　　　　　　　　（b）剖面图

图 1-9　载玻片培养观察法示意图

1—平皿；2—U 形玻璃棒；3—盖玻片；4—培养物；5—载玻片；6—保湿用滤纸

③ 接种：通过无菌操作，用接种针从黑曲霉或黑根霉马铃薯琼脂平板培养物中挑取极少量孢子，接种于培养小室中琼脂块边缘上，将盖玻片覆盖在琼脂块上。

④ 培养：通过无菌操作，在培养小室圆滤纸片上加 3～5mL 灭菌的 20%甘油（用于保持湿度），盖上皿盖，于 28℃培养。

⑤ 镜检：根据需要于不同时间取出载玻片用低倍镜和高倍镜镜检。

注意事项

[1] 在直接制片观察法中，用镊子取菌和用解剖针分散菌丝时要细心，尽量减少菌丝断裂及形态被破坏，盖盖玻片时避免产生气泡。

[2] 在载玻片培养观察法中，注意无菌操作，接种量要少并尽可能将分散孢子接种在琼脂块边缘，避免培养后菌丝过于密集影响观察。

五、实验结果

1. 绘图并说明球孢链霉菌、细黄链霉菌和淡灰链霉菌基内菌丝、气生菌丝及孢子丝的形态和结构特征。

2. 绘图并说明黑曲霉和黑根霉的形态特征。

六、思考题

1. 镜检时如何区分放线菌基内菌丝、气生菌丝及孢子丝？

2. 球孢链霉菌与细黄链霉菌或淡灰链霉菌的孢子丝有何区别？某同学在用印片法观察孢子丝时，镜检发现孢子分散，未发现完整的孢子丝，试分析原因并给出改进方法。

3. 黑曲霉和黑根霉在形态特征上有何区别？

4. 如果教师要求你对某放线菌或霉菌不同发育期（基内菌丝→气生菌丝→孢子丝或繁殖菌丝）进行连续观察，请给出你的实验方案。

1910年诺贝尔生理学或医学奖：核酸的化学组成

1910 年诺贝尔生理学或医学奖被授予阿尔布雷希特·科塞尔（Albrecht Kossel），表彰他在蛋白质（包括核酸物质）方面的工作以及对细胞化学知识的贡献。在所有生物体的所有细胞中都发现了被称为脱氧核糖核酸（DNA）和核糖核酸（RNA）的物质。自从 1869 年发现以来，人们一直怀疑 DNA 具有重要的生物学功能。在证实 DNA 是生物遗传物质的载体之前，阿尔布雷希特·科塞尔便开始研究核酸的化学组成和性质。1885 年至 1901 年，他发现这些核酸由五个碱基组成：腺嘌呤、胞嘧啶、鸟嘌呤、胸腺嘧啶和尿嘧啶。

阿尔布雷希特·科塞尔
（Albrecht Kossel）

·• 实验四　酵母菌形态及死活细胞的染色鉴别 •·

一、实验目的

认识酵母细胞形态并掌握鉴别酵母死活细胞的染色方法。

二、基本原理

亚甲蓝是一种无毒性的染料，它的氧化态呈蓝色，还原态呈无色。

用亚甲蓝对活的酵母细胞染色时，由于细胞的新陈代谢作用，细胞具有较强的还原能力，能使进入细胞的亚甲蓝由蓝色的氧化型变为无色的还原型；而对于代谢作用微弱的细胞或死细胞，无此还原能力或还原能力极弱，从而被亚甲蓝染成蓝色或淡蓝色。因此，用此法不仅可观察酵母细胞形态，也可用来鉴别酵母菌的死细胞和活细胞。需要注意的是，一个活酵母细胞的还原能力是一定的，必须严格控制染料的浓度和染色时间。

三、实验器材

1. 菌种：酿酒酵母（*Saccharomyces cerevisiae*）2d 麦芽汁斜面培养物。
2. 试剂：0.1%亚甲蓝染液。
3. 其他：显微镜、载玻片、盖玻片、滴管、擦镜纸、吸水纸等。

四、操作步骤

① 滴加一滴 0.1%亚甲蓝染液于载玻片中央，无菌操作用接种环由酿酒酵母麦芽汁斜面培养物挑取少许菌体置于染液中，混合均匀。

② 用镊子取一块盖玻片，将盖玻片一边与菌液接触，缓慢将盖玻片倾斜并覆盖在菌液上。

③ 将制片放置 3min 后，用低倍镜及高倍镜观察酵母菌形态和出芽情况，并根据细胞颜色区分死活细胞。

④ 染色 30min 后再次观察，注意死活细胞比例是否发生变化。

⑤ 用 0.5%亚甲蓝染液作为对照同时进行上述实验。

注意事项

[1] 用接种环将菌体与染液混合时不要剧烈涂抹，以免破坏细胞。

[2] 染液不宜过多或过少，否则在盖上盖玻片时，会使菌液溢出或出现大量气泡。

[3] 用镊子取一块盖玻片，先将一侧与菌液接触，然后慢慢将盖玻片放下，使其盖在菌液上，盖玻片不宜平着放下，避免产生气泡。

五、思考题

亚甲蓝染液浓度和作用时间的不同，对酵母菌死细胞数量有何影响？试分析其原因。

·• 实验五　酵母菌细胞大小、细胞总数及出芽率的测定 •·

一、实验目的

1. 了解测量微生物大小的原理。

2. 学习并掌握目镜测微尺和镜台测微尺的构造和使用原理。

3. 掌握微生物细胞大小的测定方法。

4. 了解血球计数板的构造和使用方法。

5. 学会用血球计数板对酵母细胞进行计数。

二、基本原理

1. 酵母菌细胞大小观察

用于测量微生物细胞大小的工具有目镜测微尺和镜台测微尺。

（1）目镜测微尺

目镜测微尺（图 1-10）是一块圆形玻璃片，在玻璃片中央把 5mm 长度刻成 50 等分，或把 10mm 长度刻成 100 等分。测量时，将其放在接目镜中的隔板上（此处正好与物镜放大的中间像重叠）来测量经显微镜放大后的细胞物像。由于不同目镜、物镜组合的放大倍数不相同，目镜测微尺每格实际表示的长度也不一样，因此目镜测微尺测量微生物大小时，须先用置于镜台上的镜台测微尺校正，以求出在一定放大倍数下目镜测微尺每小格所代表的相对长度。

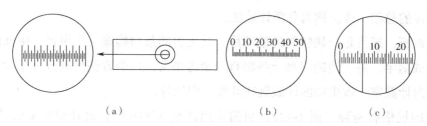

图 1-10　测微尺示意图

（a）镜台测微尺及其放大部分；（b）目镜测微尺；（c）镜台测微尺和目镜测微尺的刻度重叠

（2）镜台测微尺

镜台测微尺是中央部分刻有精确等分线的载玻片，刻度总长为 1mm，被等分为 100 格，每小格长 10μm（即 0.01mm），是专门用来校正目镜测微尺的。校正时，将镜台测微尺放在载物台上。

（3）测量酵母菌细胞大小

由于镜台测微尺与细胞标本是处于同一位置，都要经过物镜和目镜的两次放大成像进入视野，即镜台测微尺随着显微镜总放大倍数的增大而放大，因此从镜台测微尺上得到的读数就是细胞的真实大小，所以用镜台测微尺的已知长度在一定放大倍数下校正目镜测微尺，即可求出目镜测微尺每格所代表的长度，然后移去镜台测微尺，换上待测标本片，用校正好的目镜测微尺在同样放大倍数下测量微生物的大小。

2. 酵母菌细胞总数观察

血球计数板的构造见图 1-11。

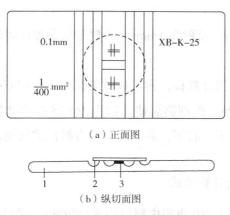

（a）正面图

（b）纵切面图

图 1-11　血球计数板构造

1—血细胞计数板；2—盖玻片；3—计数室

利用血球计数板在显微镜下直接计数，这是一种常用的微生物计数方法。此法的优点是直观、快速。将经过适当稀释的菌悬液（或孢子悬液）放在血球计数板载玻片与盖玻片之间的计数室中，在显微镜下进行计数。由于计数室的容积是一定的（0.1mm²），所以可以根据在显微镜下观察到的微生物数目来换算成单位体积内的微生物总数目。由于此法计得的是活菌体和死菌体的总和，故又称为总菌计数法。

血球计数板，通常是一块特制的载玻片，其上由四条槽构成三个平台。中间的平台又被一短横槽隔成两半，每一边的平台上各刻有一个方格网，每个方格网共分九个大方格，中间的大方格即为计数室，微生物的计数就在计数室中进行。

计数室的规格有两种（图1-12）：目前常用的是25×16型，其计数室被分成25个中方格，每一中方格又分成16个小方格；另一种是16×25型，即计数室被分成16个中方格，每一中方格又分成25个小方格。无论哪种规格，计数室的小方格数都是相同的，即16×25=400个小方格。

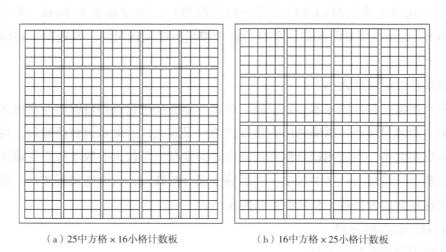

（a）25中方格×16小格计数板　　　　　　（b）16中方格×25小格计数板

图1-12　两种不同规格的计数板

中央大格的边长为1mm，面积为1mm²，计数室与盖玻片间的深度为0.1mm，所以计数室的体积为0.1mm³。

计数时，如用25×16型的计数板，通常数对角线上5个中方格（即左上、右上、左下、右下、中央，共80个小方格）的细胞总数。如用16×25型的计数板，通常数对角线上4个中方格（即左上、右上、左下、右下，共100个小方格）的细胞总数，然后根据下列公式求得菌液的浓度：

① 25×16型血球计数板计算公式：

酵母细胞数/mL=80小格内酵母细胞个数/80×400×100×稀释倍数　　　　　　(1-4)

② 16×25 型血球计数板计算公式：

$$酵母细胞数/mL=100 小格内酵母细胞个数/100×400×100×稀释倍数 \qquad (1-5)$$

三、实验器材

1. 菌种：酿酒酵母（*Saccharomyces cerevisiae*）2d 麦芽汁斜面培养物。

2. 其他：显微镜、目镜测微尺、镜台测微尺、盖玻片、载玻片、滴管、擦镜纸、血球计数板等。

四、操作步骤

1. 目镜测微尺的校正

① 把目镜上的透镜旋下，将目镜测微尺的刻度朝下，轻轻装入目镜的光阑上，然后旋上透镜，插上镜筒。

② 把镜台测微尺置于载物台上，刻度朝上。

③ 先用低倍镜观察，对准焦距，视野中看清镜台测微尺的刻度后，转动目镜，使目镜测微尺与镜台测微尺的刻度平行，移动推动器，使两尺重叠，再使两尺的"0"刻度完全重合，定位后，仔细寻找两尺第二个完全重合的刻度，计数两重合刻度之间目镜测微尺的格数和镜台测微尺的格数。

④ 计算：因为镜台测微尺的刻度每格长 10μm，所以由下列公式可以算出目镜测微尺每格所代表的长度。

$$目镜测微尺每格长度（\mu m）=\frac{两重合线间镜台测微尺格数×10}{两重合线间目镜测微尺格数} \qquad (1-6)$$

例如：目镜测微尺 45 小格正好与镜台测微尺 5 小格重合，已知镜台测微尺每小格为 10μm，则目镜测微尺上每小格长度为=5×10μm/45 = 2.2μm。

⑤ 用同法校正在高倍镜下目镜测微尺每小格所代表的长度。由于不同显微镜及附件的放大倍数不同，因此校正目镜测微尺必须针对特定的显微镜和附件（如特定的物镜、目镜、镜筒长度）进行，而且只能在特定的情况下重复使用，当更换不同放大倍数的目镜或物镜时，必须重新校正目镜测微尺每一格所代表的长度。

2. 酵母菌细胞大小的测定

① 取一滴酵母菌菌悬液制成水浸片。

② 移去镜台测微尺，换上酵母菌水浸片，先在低倍镜下找到目的物，然后在高倍镜下用目镜测微尺来测量酵母菌菌体的长、宽各占几格（不足一格的部分估计到小数点后一位）。测出的格数乘以目镜测微尺每格的校正值，即等于该菌的长和宽。测量菌体的大小一般要在同一标本片上测定 5～10 个菌体，求出平均值，即得该菌的大小，而且，一般是用对数生长期的菌体进行测定。

3. 酵母菌细胞总数及出芽率测定

（1）稀释

将酿酒酵母菌悬液进行适当稀释，菌液如不浓，可不必稀释（样品稀释的目的是便于酵母菌悬液的计数，以每小方格内含有 5～10 个酵母细胞为宜）。

（2）镜检计数室

在加样前，先对计数板的计数室进行镜检。若有污物，则需清洗后才能进行计数。

（3）加样品

将清洁干燥的血球计数板盖上盖玻片，再用无菌的细口滴管将稀释的酿酒酵母菌悬液由盖玻片边缘滴一小滴（不宜过多），让菌液沿缝隙靠毛细渗透作用自行进入计数室，一般计数室均能充满菌液。注意不可有气泡产生。

（4）显微镜计数

将血球计数板置于显微镜载物台上，静止 5min 后，使细胞全部沉降到计数板的表面。先用低倍镜找到计数室所在位置，然后换成高倍镜进行计数。在计数前若发现菌液太浓或太稀，需重新调节稀释度后再计数。一般样品稀释度要求每小格内有 5～10 个菌体为宜。每个计数室选 5 个中方格（25×16 型计数板）或 4 个中方格（16×25 型计数板）中的菌体进行计数。位于格线上的菌体一般只数上方和右边线上的。如遇酵母出芽，芽体大小达到母细胞的一半时，即作两个菌体计数。计数一个样品时要通过从两个计数室中计得的值来计算样品的含菌量。

为了尽量减少实验误差，应注意以下两点：

① 一般以每小方格中平均 5～10 个细胞为宜，过多时应对样品进行适当稀释。

② 对同一样品要重复计数两次，取其平均值；若两次统计数据相差太多，则应重复计数。

（5）清洗血球计数板

使用完毕后，将血球计数板在水龙头上用水柱冲洗，切勿用硬物洗刷，洗完后自行晾干或用吹风机吹干，或用 95%乙醇、无水乙醇、丙酮等有机溶剂脱水使其干燥。镜检，观察每小格内是否有残留菌体或其他沉淀物。若不干净，则必须重复洗涤直至干净为止。

五、实验结果

1. 将目镜测微尺校正的结果填入表 1-2。

表 1-2　目镜测微尺校正结果

放大倍数 目镜×物镜	两条重合刻度格数线之间格数		目尺校正值/μm
	目尺格数	台尺格数	
10×10			

放大倍数 目镜×物镜	两条重合刻度格数线之间格数		目尺校正值/μm
	目尺格数	台尺格数	
10×40			
16×10			
16×40			

2. 将酵母菌大小、细胞总数及芽体数结果记录于表1-3、表1-4。

表1-3 酵母菌大小测定记录

细胞序号	长/μm	宽/μm
1		
2		
3		
4		
5		
6		
7		
8		
9		
10		
平均值		

表1-4 酵母菌细胞总数及芽体数记录

重复实验	5个或4个中方格中		稀释倍数	菌液浓度 /（个/mL）	出芽率/%
	酵母菌总数	芽体总数			
1					
2					
平均值					

六、思考题

1. 为什么随着显微镜放大倍数的改变，目镜测微尺每格代表的实际长度也会改变？你能找出这种变化的规律吗？

2. 根据你的实验体会，说明用血球计数板计数的误差主要来自哪些方面？应如何尽量减少误差，力求准确？

3. 为什么计数室内不能有气泡？试分析产生气泡的可能原因是什么？

拓展阅读

1962年诺贝尔生理学或医学奖：DNA双螺旋结构的发现

弗朗西斯·克里克　　　　詹姆斯·杜威·沃森　　　　莫里斯·威尔金斯
（Francis Crick）　　（James Dewey Watson）　　（Maurice Wilkins）

1962年诺贝尔生理学或医学奖被授予弗朗西斯·克里克（Francis Crick）、詹姆斯·杜威·沃森（James Dewey Watson）和莫里斯·威尔金斯（Maurice Wilkins）三位科学家，因为他们发现了核酸的分子结构及其对生物分子中信号传递的意义。1944年，奥斯瓦尔德·埃弗里（Oswald Avery）证明了DNA是有机体遗传密码的载体。1953年，弗朗西斯·克里克（Francis Crick）和詹姆斯·杜威·沃森（James Dewey Watson）确定了DNA分子的结构，并提供了进一步的解释。这种长双螺旋结构包含一排成对的四个不同的含氮碱基，使该分子具有编码功能。DNA分子的结构还解释了它如何能够自我复制。含氮碱基总是成对出现在同一构象中，因此如果一个分子被分裂，则可以通过补充其对半从而形成原始分子的副本。

·· 实验六　酵母菌子囊孢子的观察 ··

一、目的要求

学习并掌握酵母菌子囊孢子的观察方法。

二、基本原理

子囊孢子是子囊菌类真菌有性生殖产生的有性孢子。在酵母菌中，能否形成子囊孢子及其形态是酵母菌分类鉴定的重要依据之一。酵母菌形成子囊孢子需要一定的条件，所以对不同种属的酵母要选择适合形成子囊孢子的培养基。

三、实验器材

1. 菌种：酿酒酵母（*Saccharomyces cerevisiae*）2d 麦芽汁斜面培养物。
2. 试剂：齐氏石炭酸品红染液、酸性乙醇、吕氏亚甲蓝染液。
3. 其他：显微镜、载玻片等。

四、操作步骤

（1）菌种活化

将酵母菌移种至新鲜的麦芽汁琼脂培养基上，25～28℃培养 24h 左右，然后再转种 2～3 次。

（2）产孢培养

将经活化的菌种转接到产孢培养基上，25～28℃培养约一周。

（3）制片

取经产孢培养的酵母培养物，在洁净的载玻片上按常规涂片、干燥、固定。

（4）染色

用齐氏石炭酸品红染液加热染色 5～10min（不能沸腾），冷却后水洗。

（5）脱色

用酸性乙醇脱色 30～60s，水洗。

（6）对比染色

用吕氏亚甲蓝染液对比染色 1min，水洗。

（7）镜检

干燥后用油浸镜观察（子囊孢子呈红色，菌体呈蓝色）。

注意事项

菌种活化时，要采用新配制、表面湿润的培养基。

五、思考题

如何区别酵母菌的营养细胞和释放出子囊外的子囊孢子？

·· 实验七　培养基制备 ··

一、目的要求

1. 学习并掌握培养基的配制原理。
2. 通过配制牛肉膏蛋白胨培养基，掌握配制培养基的一般方法和步骤。

二、基本原理

牛肉膏蛋白胨琼脂培养基是生物学实验中广泛使用的培养基，其中的牛肉膏可为微生物提供碳源、磷酸盐和维生素，蛋白胨主要提供氮源和维生素，NaCl 提供无机盐。培养基中含有大多数细菌生长繁殖所需要的最基本营养物质，可供微生物生长繁殖之用。该培养基多用于细菌培养，因此要用稀酸或稀碱将其 pH 调至中性或微碱性，以利于细菌的生长繁殖。

在配制固体培养基时要加入一定量琼脂作凝固剂。琼脂在 96℃ 时融化，实际应用时，在沸水浴中或下面垫石棉网煮沸融化。琼脂在低于 40℃ 时发生凝固，通常不被微生物分解利用。固体培养基中琼脂的含量根据琼脂的质量和培养温度的不同也会有所不同。

三、实验器材

1. 试剂：牛肉膏、蛋白胨、NaCl、琼脂、1mol/L NaOH 溶液、1mol/L HCl 溶液等。
2. 仪器：试管、三角烧瓶、烧杯、量筒、玻璃棒、培养基分装器、天平、牛角匙、高压蒸汽灭菌锅、pH 试纸（pH 5.5～9.0）、棉花、牛皮纸（或铝箔）、记号笔、麻绳和纱布等。

四、操作步骤

（1）称量

牛肉膏蛋白胨培养基的配方如下：

牛肉膏　　　3.0g

蛋白胨	10.0g
NaCl	5.0g
水	1000mL
pH	7.4～7.6

按培养基配方要求称取牛肉膏、蛋白胨、NaCl 放入烧杯中。牛肉膏可用玻璃棒挑取，放在小烧杯或表面皿中称量，用少量热水溶化后倒入烧杯；也可用称量纸直接称量，称量后同称量纸一起放入水中，加热溶解时牛肉膏会与称量纸分离，分离立即取出纸片。

（2）融化

向上述烧杯中加入少于所需要的水量，用玻璃棒搅匀，在石棉网上加热，或直接在磁力搅拌器上加热溶解。药品完全溶解后，定容到所需的总体积。配制固体培养基时，需将称好的琼脂放入已溶的药品中加热融化后，再定容。在制备用三角烧瓶存放的固体培养基时，一般也可先将一定体积的液体培养基分装于三角烧瓶中，然后按 15～20g/L 将琼脂直接分别加入各三角烧瓶中，不必加热融化，而是灭菌和加热融化同步进行，节省时间。

（3）调 pH

培养基的酸碱度可用精密 pH 试纸或酸度计等进行测定。用滴管向培养基中逐滴加入酸（10% HCl）或碱（10% NaOH），边加边搅拌，并随时观察 pH 变化。

（4）过滤

趁热用滤纸或多层纱布过滤（如 PDA 培养基），以利于某些实验结果的观察。无特殊要求的情况下，这一步可以省去（本实验无须过滤）。

（5）分装

按实验需要，将配制好的培养基分装入试管或三角烧瓶中。分装过程中，培养基不要沾在管（瓶）口上，以免沾污棉塞引起污染。

① 分装三角烧瓶：将液体培养基分装在三角烧瓶中，以体积不超过三角烧瓶总容量的 3/5 为宜，每瓶中加入 1.5%～2.5%的琼脂（视培养基的要求及琼脂的质量而定）。

② 分装试管：将融化的固体培养基趁热加至分装装置上进行分装。制作斜面培养基时，装量不超过试管高度的 1/5。

（6）加塞

分装完毕后，在试管口或瓶口塞上棉塞（或硅胶塞、试管帽等）。棉塞的形状、大小和松紧要合适（见图 1-13），才能起到防止杂菌侵入和通气的作用。加塞时应使棉塞总长的 3/5 塞入试管口或瓶口内，以防止棉塞脱落。对三角烧瓶口较大的，则可在制好的棉塞外包一层纱布，这样的棉塞既耐用又便于操作。

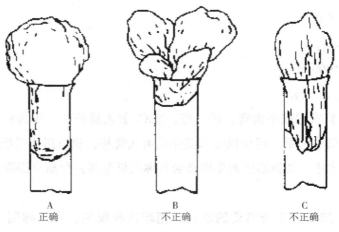

A	B	C
正确	不正确	不正确

图 1-13　棉塞的使用方法

（7）包扎

在棉塞外包一层牛皮纸，防止灭菌产生的冷凝水沾湿棉塞。试管需先扎成捆后，再包牛皮纸，然后贴上标签，注明培养基名称、日期及组别后进行灭菌（也可用铝箔代替牛皮纸）。

（8）灭菌

将上述培养基以 0.1MPa、121℃、20min 高压蒸汽灭菌。

（9）搁置斜面

将灭菌的试管培养基冷却至 50℃ 左右（以防斜面上冷凝水太多），将试管口端搁在高度适合的器具上，形成的斜面长度以不超过试管总长的 2/3 为宜（图 1-14）。

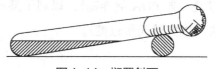

图 1-14　搁置斜面

（10）无菌检查

将灭菌培养基放入 37℃ 温室中培养 24～48h，可以检查灭菌是否彻底。

注意事项

----

[1] 蛋白胨很易吸湿，称取动作要迅速。为防止药品混杂，一把药匙只用于一种药品；或称取一种药品后，洗净、擦干，再称取另一种药品。

[2] 在琼脂融化过程中需不断搅拌，以防琼脂糊底烧焦。配制培养基时，不可用铜或铁锅加热融化，以免离子进入培养基中，影响细菌生长。

[3] pH 不要调过头，以避免回调对培养基内各离子浓度的影响。配制 pH 低的琼脂培养基时，应将其他成分和琼脂分开灭菌后再混合，或在中性 pH 条件下灭菌后再调节 pH。

[4] 其他常用培养基配方

① LB培养基的配方

胰蛋白胨	10g/L
酵母提取物	5g/L
氯化钠（NaCl）	10g/L

加超纯水定容至1000mL（固体需加15g/L琼脂），用NaOH调节pH使其达到7.4。

② PDA培养基的配方

马铃薯（去皮）	200g
葡萄糖	20g
琼脂	20g

马铃薯在锅中煮10min后过滤，培养基用超纯水定容至1000mL，自然pH。

③ YPD培养基的配方

酵母膏	10%
蛋白胨	20%
葡萄糖	20%

加超纯水定容至1000mL（若制固体培养基加2%琼脂粉；葡萄糖易炭化，可在灭菌结束后用细菌过滤器，以过滤除菌的方式加入）。

五、思考题

1. 培养基配好后，为什么必须立即灭菌？如何检查灭菌后的培养基是否为无菌的？

2. 在配制培养基的操作过程中应注意哪些问题，为什么？

·· 实验八　常用灭菌方法 ··

（一）干热灭菌法

一、目的要求

1. 了解干热灭菌的原理和应用范围。
2. 学习干热灭菌的操作技术。

二、基本原理

干热灭菌有火焰灼烧灭菌和热空气灭菌两种，是利用高温使微生物细胞内的蛋白质凝固变性而达到灭菌的目的。细胞内蛋白质凝固性与其本身的含水量有关，受热时环境和细胞内含水量越大，蛋白质凝固越快；反之，含水量越小，凝固越慢。火焰灼烧灭菌适用于接种环、接种针和金属用具（如镊子）等，无菌操作时的试管口和瓶口也可在火焰上做短暂灼烧灭菌。涂布平板用的玻璃涂棒也可在沾有乙醇后进行灼烧灭菌。通常所说的干热灭菌是在电热干燥箱内利用高温干燥空气（160～170℃）进行灭菌，主要适用于玻璃器皿如培养皿等的灭菌。但干热灭菌温度不能超过180℃，否则包器皿的纸或棉塞就会烧焦，甚至引起燃烧，十分危险。电热干燥箱的结构见图1-15。

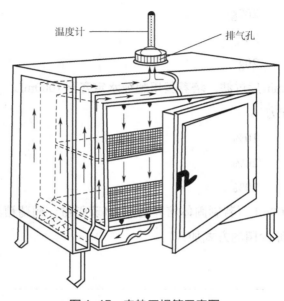

温度计　　　　　排气孔

图1-15　电热干燥箱示意图

三、实验器材

培养皿等待灭菌物品、电热干燥箱等。

四、操作步骤

（1）装入待灭菌物品

将培养皿、吸管等玻璃器皿洗净干燥后用报纸包好，或装入特制的铁筒中（每个吸管用纸包好后装入铁筒），放入电热干燥箱内，关好箱门。

（2）温度设置

接通电源，调节按钮将温度设置为160～170℃，这时温度显示数字逐渐上升，开始加温。

（3）恒温

当温度升到160～170℃时，借恒温调节器的自动控制，保持此温度2h。电热干燥箱具有可以观察的窗口，灭菌过程中观察窗口玻璃温度较高，注意避免烫伤。

(4) 降温取物

切断电源、自然降温。待自然降温冷却后（60℃以下）开门取出灭菌物品，避免由于温度突然下降引起玻璃器皿碎裂。

注意事项

物品不要摆得太挤，以免妨碍空气流通。待灭菌物品不要接触电热干燥箱内壁，防止包装纸烤焦起火。

五、实验结果

检查干热灭菌效果是否彻底。

六、思考题

1. 在干热灭菌操作过程中应注意哪些问题？为什么？

2. 为什么干热灭菌比湿热灭菌所需要的温度高、时间长？请设计干热灭菌和湿热灭菌效果比较的实验方案。

3. 灭菌在微生物实验操作中有何重要意义？

（二）高压蒸汽灭菌

一、目的要求

1. 了解高压蒸汽灭菌的原理和应用范围。
2. 学习高压蒸汽灭菌的操作技术。

二、基本原理

高压蒸汽灭菌是将待灭菌的物品放在一个密闭的加压灭菌锅内，通过加热，使灭菌锅隔套间的水沸腾而产生蒸汽。高压锅内的温度随着蒸汽压力的增加而升高，在 103.4kPa（1.05kg/cm²）蒸汽压下，温度达到 121.3℃ 可使菌体蛋白质凝固变性达到灭菌的目的。高压蒸汽灭菌法是可杀灭包括芽孢在内所有微生物同时菌体蛋白凝固变性的一种灭菌方法，是灭菌效果中最好的。适用于普通培养基、生理盐水、手术器械、玻璃容器及注射器、敷料等物品的灭菌。

在同一温度下，湿热的杀菌效力比干热大。其原因有三：一是湿热中细菌菌体吸收水分，蛋白质较易凝固（因蛋白质含水量增加，所需凝固温度降低，见表1-5）。二是湿热的穿透力比干热大。三是湿热的蒸汽有潜热存在。1g 水在 100℃ 时，由气态变为液态可放出 2.26kJ 的热量。这种潜热能迅速提高被灭菌物体的温度，从而增加灭菌效力。

表 1-5　蛋白质含水量与凝固所需温度的关系

卵清蛋白含水量/%	30min 内凝固所需温度/℃
50	56
25	74～80
18	80～90
6	145
0	160～170

使用高压蒸汽灭菌锅灭菌时，灭菌锅内冷空气的排除是否完全极为重要。因为空气的膨胀压大于水蒸气的膨胀压，所以当水蒸气中含有空气时，在同一压力下，含空气蒸汽的温度低于饱和蒸汽的温度。

一般培养基用 121℃、15～30min 可达到彻底灭菌的目的。灭菌的温度及维持的时间随灭菌物品的性质和容量等具体情况而有所改变。例如含糖培养基用 0.06MPa、113℃ 灭菌 15min，也可将其他成分先行 121℃、20min 灭菌后，以无菌操作技术加入无菌的糖溶液。

实验中常用的高压蒸汽灭菌锅有卧式和手提式（如图 1-16）2 种。它们的结构和工作原理基本相同，本实验以手提式高压蒸汽灭菌锅为例，介绍其使用方法。有关全自动高压蒸汽灭菌锅的使用可参照厂家说明书。

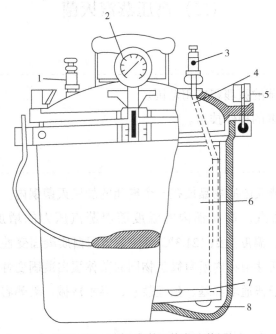

图 1-16　手提式高压蒸汽灭菌锅

1—安全阀；2—压力表；3—放气阀；4—软管；5—紧固螺栓；6—灭菌桶；7—筛架；8—水

三、实验器材

1. 培养基：牛肉膏蛋白胨培养基。

2. 仪器和其他用品：试管、吸管、手提式（或全自动）高压蒸汽灭菌锅、镊子等。

四、操作步骤

① 关好排水阀门加入清水，以水面与三角搁架相平为宜。加水过少会发生干烧引起炸裂事故。

② 装入待灭菌物品。将要灭菌的培养基、灭菌水等装入铁笼中，并用牛皮纸盖好后放入灭菌锅中。物品不能装得太挤，以免影响蒸汽流通而影响灭菌效果。灭菌物品不要与桶壁接触，以免冷凝水淋湿包口的纸而透入棉塞。

③ 将盖上的排气软管插入内层锅的排气槽内。关上器盖，先将每个螺旋旋转到一定程度（不要太紧），然后再旋紧相对的两个螺旋，以达到平衡旋紧。

④ 通电加温，同时打开排气阀门，当阀门冲出的全部是蒸汽时，关闭排气阀门。当锅内压力升到所需压力时，开始计算灭菌时间，控制热源保持 20～30min 后停止加温。

⑤ 缓慢打开排气阀门，使锅内蒸汽缓慢排除，气压徐徐下降。一般从排气到打开锅盖以 10min 左右为好。当压力表指针降到零、锅内蒸汽完全排尽时，可以打开锅盖取出物品。

⑥ 取出灭菌培养基放入 37℃ 恒温箱内培养 24 h，无杂菌生长后方可使用。

五、实验结果

检查培养基高压蒸汽灭菌是否彻底。

六、思考题

1. 高压蒸汽灭菌开始之前，为什么要将锅内冷空气排尽？灭菌完毕后，为什么压力降低至"0"时才能打开排气阀，开盖取物？

2. 在使用高压蒸汽灭菌锅灭菌时，怎样杜绝一切可能导致灭菌不完全的因素？

3. 黑曲霉的孢子与芽孢杆菌的芽孢对热的抗性哪个最强？为什么？

1968 年诺贝尔生理学或医学奖：遗传密码与蛋白质合成

罗伯特·霍利
（Robert W. Holley）

霍宾
（H. Gobind Khorana）

尼伦伯格
（Marshall Warren Nirenberg）

1968 年诺贝尔生理学或医学奖被授予罗伯特·霍利（Robert W. Holley）、霍宾（H. Gobind Khorana）、尼伦伯格（Marshall Warren Nirenberg）三位科学家，他们对遗传密码及其在蛋白质合成中的功能进行了解释。在 20 世纪 50 年代，已确定遗传信息从 DNA 转移到 RNA，再转移到蛋白质。DNA 中三个核苷酸的序列（称为密码子）对应于蛋白质中的特定氨基酸。这些蛋白质是在核糖体中形成的，位于细胞核之外。氨基酸向这些核糖体的运输是借助一种称为转移 RNA 或"tRNA"的特殊类型 RNA 进行的。每个密码子都有一个特殊的 tRNA 分子。罗伯特·霍利（Robert W. Holley）是成功分离出 tRNA 的第一人，并且在 1964 年绘制出它的结构图。

·· 实验九　微生物的分离与纯化 ··

一、目的要求

1. 掌握无菌操作的基本环节。

2. 掌握倒平板的方法和几种常用的分离纯化微生物的基本操作技术，学习分离纯化噬菌体的基本原理和方法。

3. 初步观察来自土壤中三大类群微生物菌落和噬菌斑的形态特征。

二、基本原理

从混杂的微生物群体中获得只含有某种或某株微生物的过程称为微生物的分离纯化，实验室中常用的方法是平板分离法。其基本原理是在合适的生长条件下，待分离的微生物在固体培养基上生长形成的单个菌落可达到仅由单个细胞繁殖而成的集合体，通过挑取单菌落就可获得纯培养。该过程中需要用到无菌操作技术，来控制不需要的微生物进入培养基而造成污染。将污染降低到最低限度的操作技术称为无菌操作技术，也是微生物工作中一种最重要而又最基本的操作。

分离微生物最常用的有三种方法：平板划线法、平板涂布法和倾注平板法。平板划线法是目前使用最广泛的一种分离技术，而平板涂布法和倾注平板法则都要先将样品进行稀释，然后用固体培养基使合适稀释液中的菌体定位。

三、实验器材

1. 菌种：大肠杆菌（*Escherichia coli*）。

2. 土壤样品：从校园或其他地方采集的土壤样品。

3. 阴沟污水。

4. 培养基：牛肉膏蛋白胨琼脂培养基、淀粉琼脂培养基（高氏Ⅰ号培养基）和马丁琼脂培养基；500mL 三角烧瓶内装 3 倍浓缩的牛肉膏蛋白胨液体培养基 10mL；试管液体培养基；上层琼脂培养基（琼脂粉约为 5g/L，试管分装，每管 4mL）；底层琼脂平板（含培养基 10mL，琼脂 15～20g/L）。

5. 试剂：100g/L 酚、无菌水、链霉素。

6. 其他：无菌玻璃涂棒、无菌移液管、接种环、无菌培养皿、光学显微镜、无菌小试管、带有玻璃珠的无菌三角烧瓶、无菌细菌过滤器（孔径 0.22μm）、恒温水浴锅、台式高速离心机等。

四、操作步骤

1. 无菌操作环节

① 接种室应保持清洁，每次使用前，均应用紫外灯灭菌。

② 进入接种室前，在缓冲室内要更换工作鞋帽、工作衣及戴口罩。

③ 接种的试管、三角烧瓶等应做好标记，注明培养基、菌种的名称、接种日期。移入接种室内的所有物品，均须在缓冲室用 70%乙醇擦拭干净。

④ 培养箱应经常清洁消毒。

2. 微生物纯培养技术

（1）接种的操作方法

① 斜面接种。

a. 用 75%乙醇擦手，待乙醇挥发后再点燃酒精灯。

b. 用斜面接种时，使斜面向上，并处于水平位置。拔下棉塞并握住，不得任意放在台子上或与其他物品相接触，再以火焰烧管口。

c. 将在火焰上灭过菌的接种环伸入菌种管内，接种环先在试管内壁上或未长菌苔的培养基表面接触一下，使接种环充分冷却。用接种环在菌苔上轻轻地接触，刮出少许培养物，将接种环自菌种管内抽出，抽出时勿与管壁相碰。

d. 迅速将沾有菌种的接种环伸入培养基试管口，在斜面上划线（波浪或直线），使菌体沾附在培养基上。划线时勿用力，否则会划破培养基表面。

e. 将接种环抽出，灼烧管口，塞上棉塞。将接种环放回原处前，要经火焰灼烧灭菌，同时须将棉塞进一步塞紧，以免脱落。

② 液体接种。

a. 由斜面菌种接入液体培养基：基本操作方法与"斜面接种"相同。接入菌种后，使接种环与管口内壁（靠近液面处）轻轻地研磨将菌体擦下，接好种后塞上棉塞，将试管在手掌中轻轻敲打，使菌体充分分散。

b. 由液体菌种接入液体培养基：菌种为液体时，接种除用接种环外，还可用无菌移液管或滴管。只需在火焰旁拔去棉塞，将试管口通过火焰灭菌，用无菌移液管吸取菌液 0.1～0.2mL 注入液体培养基，并振荡几下容器，使菌液与培养液混匀。

③ 穿刺接种。它是把菌种用穿刺的方法接种到固体深层培养基中，此法用于厌气型细菌接种，或为鉴定细菌时观察生理性能用。

a. 操作方法与上述两种基本相同，但使用的接种针要挺直。

b. 将沾有菌种的接种针自培养基中心刺入，直至接近管底，但勿穿透，然后按原穿刺线慢慢地拔出。

（2）分离的操作方法

① 平板划线法。

a. 倒平板：将融化的琼脂培养基冷却至 45℃ 左右，在酒精灯火焰旁，以右手的无名指及小指夹持棉塞。左手打开无菌培养皿盖的一边，右手持三角烧瓶向皿里注入 10～15mL 培养基。将培养皿稍加旋转摇动后，置于水平位置待凝。倒平板有两种方式：持皿法和叠皿法（见图 1-17）。

（a）持皿法倒平板操作   （b）叠皿法倒平板操作

图1-17　倒平板操作示意图

b. 划线分离：在酒精灯火焰上灼烧接种环，待其冷却后，以无菌操作取一环待分离菌液（稀释度为10^{-1}的土壤悬液）。左手握琼脂平板，在火焰附近稍抬起皿盖，右手持接种环伸入皿内，在平板上第一区域沿"之"字形来回划线。划线时，使接种环与平板表面成$30°\sim40°$角轻轻接触，不要划破培养基表面。

灼烧接种环，待其冷却后，将手中培养皿旋转约$70°$角，用接种环在划过线的第一区域接触一下，然后在第二区域进行划线，并依次对第三和第四区域进行划线（见图1-18）。划线完毕后，做好标记，将培养皿倒置，放入$28\sim30℃$恒温培养箱中培养。$48\sim72h$后，观察并记录单菌落的生长和分布情况。

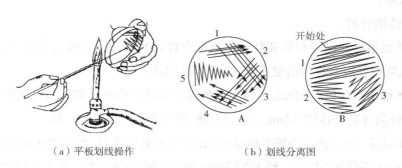

（a）平板划线操作   （b）划线分离图

图1-18　划线分离操作示意图

c. 挑菌落：从分离平板的单个菌落上挑取少许菌苔，涂在载玻片上，在显微镜下观察细胞的个体形态，结合菌落形态特征，综合分析。如不纯，仍需通过平板分离法进行纯化，直至确认为纯培养为止。

② 倾注平板法。

a. 编号：取6支盛有4.5mL无菌水的试管排列于架上，依次标上10^{-1}、10^{-2}、10^{-3}、10^{-4}、10^{-5}、10^{-6}字样。

b. 稀释：以1mL无菌吸管按无菌操作从样品管中吸取0.5mL菌液于10^{-1}试管中，并混匀制成10^{-1}稀释液。再用此吸管从10^{-1}管中吸取0.5mL稀释液注入10^{-2}试管，依次制成10^{-2}、10^{-3}、10^{-4}、10^{-5}、10^{-6}稀释液。

c. 加样：用1mL无菌吸管分别吸取10^{-4}、10^{-5}、10^{-6}稀释液1mL注入已编好号的

10^{-4}、10^{-5}、10^{-6}号无菌培养皿中。

d. 倾注平板：将融化后冷却至45℃左右的琼脂培养基向加有稀释液的各培养皿中分别倒入10～15 mL，迅速旋转培养皿使培养基和稀释液充分混合，水平放置。待其凝固后，倒置于28～30℃恒温箱中培养。48～72h后，观察并记录各平板上菌落生长和分布情况。

③ 平板涂布法。

a. 平板制备：制备三套无菌平板，并分别标上10^{-4}、10^{-5}、10^{-6}字样。

b. 稀释：同"倾注平板法"。

c. 加样：用无菌吸管分别吸取10^{-4}、10^{-5}、10^{-6}稀释液0.2mL对号注入编好号的琼脂平板中。

d. 涂布：用无菌玻璃涂棒在各平板表面进行均匀涂布。待涂布的菌液干后，将培养皿倒置于28～30℃恒温箱中培养。

e. 48～72h后，观察并记录菌落生长和分布情况。检查菌苔特征是否一致，同时将细胞涂片染色后用显微镜检查是否为单一的微生物细胞。若发现有杂菌，须再次进行分离与纯化，直到获得纯培养。

④ 双层琼脂平板分离法。本实验是用双层琼脂平板分离法从阴沟污水中取样分离纯化大肠杆菌噬菌体。

Ⅰ. 噬菌体的分离。

ⓐ 宿主细胞培养：用接种环在斜面上挑取少许大肠杆菌菌苔接入盛有5mL牛肉膏蛋白胨培养液的试管中，混合均匀后置37℃振荡培养过夜。

ⓑ 噬菌体增殖：在盛有10mL 3倍牛肉膏蛋白胨液体培养基的三角烧瓶中加入阴沟污水20mL和大肠杆菌过夜培养物0.3mL，混合后置37℃振荡培养12～24h。

ⓒ 裂解液制备：将上述混合培养物倒入50mL无菌离心管中，经4000r/min离心15min。将上清液转入另一支无菌离心管中，经37℃培养过夜，以做无菌检查，此为噬菌体裂解液。

ⓓ 噬菌体检测：在牛肉膏蛋白胨琼脂平板上加入0.1mL大肠杆菌菌液，并用无菌玻璃涂棒均匀涂干。滴加数小滴裂解液于其上，置37℃培养过夜。如果滴有裂解液处形成无菌生长的透明或混浊噬菌斑，便证明裂解液中有大肠杆菌噬菌体。

Ⅱ. 噬菌体的纯化。

ⓐ 取上经证实的噬菌体裂解液0.1mL于无菌试管中，加入0.1mL新鲜的大肠杆菌培养物，混合均匀。

ⓑ 取上层琼脂培养基溶化并冷却至55℃，加入0.2mL上述噬菌体与细菌的混合液，混匀后快速倒入含底层培养基的平板上，铺匀，置37℃培养24h。

ⓒ 取出培养的平板仔细观察平板上噬菌斑的形态特征。此过程制备的裂解液中往往有多种噬菌体，需要进一步纯化。

噬菌体纯化的程序较为简单，用接种针在单个噬菌斑中刺蘸取少许噬菌体接入含有大肠杆菌的液体培养基中，置37℃振荡培养至试管中菌悬液由混浊变清；培养物离心后取上清液，再重复本实验操作步骤ⓑ、ⓒ直到出现的噬菌斑形态一致为止。

Ⅲ. 高效价噬菌体的制备。

一般从自然环境中分离得到的噬菌体效价不高，需将噬菌体进行增殖。将纯化的噬菌体裂解液与液体培养基按1∶10的比例混合，再加入大肠杆菌悬液适量37℃培养，使噬菌体增殖，如此重复数次，便可得到高效价的噬菌体制品。

五、实验结果

1. 平板涂布法和平板划线法是否较好地得到了单菌落？如果不是，请分析其原因，加以改进并重做。

2. 在不同的平板上，你分离得到了哪些类群的微生物？简述它们的菌落形态特征。

3. 利用双层琼脂平板分离法是否得到了单个形态特征较一致的噬菌斑？如果不是，请分析其原因并重做。

六、思考题

1. 如何确定平板上单个菌落是否为纯培养？请写出实验的主要步骤。

2. 接种前和接种后为什么要灼烧接种环？为什么要待接种环冷却后，才能用其与菌种接触？是否可以将接种环放在台子上待其冷却？你怎样才能知道它是否已经冷却？

3. 为什么要把培养皿倒置培养？

4. 试比较分离纯化噬菌体与分离纯化细菌在基本原理和具体方法上的异同。

5. 在噬菌体感染宿主细胞实验中分别取0.1mL宿主细胞与0.1mL噬菌体液，轻轻混匀后置37℃保温20min。如果在保温过程中剧烈摇动试管可能会产生什么样的结果，并说明其理由。

第二节
微生物学综合研究型实验

·• 实验一 空气中微生物的测定和计数 •·

一、目的要求

1. 通过实验了解一定环境空气中微生物的分布情况。

2. 学习并掌握测定和计数空气中微生物的基本方法。

二、基本原理

1. 自然沉降法（沉降平板法）

根据空气中携有微生物气溶胶粒子在地心引力的作用下，以垂直的方式自然沉降到琼脂培养基上的原理，经过24h、37℃温箱培养计算出菌落数。此法简单方便，但稳定性差，直径1~5μm的粒子在5min中内沉降距离有限，使小粒子采集率较低。

2. 过滤法

使一定的空气通过吸附剂（灭菌生理盐水），然后培养吸附剂中吸附的细菌，计算出菌落数。

3. 撞击法

Anderson采样器为多级筛孔型采样器。它由6个带有微细针孔的金属撞击盘构成，盘下放置有培养基的平皿，每个圆盘上有400个环形排列小孔，由上到下孔径逐渐减小。气流从顶罩进入第一级，较小的粒子会由于动量不足随气流绕过平皿进入下一级。经过6次撞击后，可把绝大部分微生物拦下。特点是采集粒谱范围广，一般在0.2~20μm且采样效率高，逃逸少。

三、实验器材

1. 培养基：肉汤蛋白胨培养基、察氏培养基、高氏Ⅰ号培养基。
2. 其他：50mL无菌水的三角烧瓶、蒸馏水瓶、平皿、吸管等。

四、操作步骤

1. 过滤法

检查一定体积的空气中所含细菌的数量。

① 先将仪器按图1-19装置。

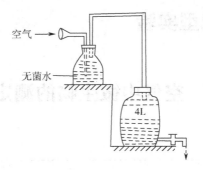

空气 →
无菌水 →
4L

图1-19　过滤法装置

② 将下面的瓶装满水（4L）。

③ 放开塞子，使水缓慢流出，这时外界的空气被吸入，经喇叭口进入盛有 50mL 无菌水的三角烧瓶中，至 4L 水流完后，则 4L 体积空气中的微生物被过滤在 50mL 水中。

④ 从三角烧瓶中吸取 1mL 水于无菌培养皿中（设置 3 个重复），加入融化并冷却至 45℃ 的肉汤蛋白胨琼脂培养基，摇匀、凝固后置 28℃ 培养。

⑤ 培养 48h 后，按平皿上菌落数计算出每升空气中细菌的数目。

$$菌数/每升空气 = 1mL 水中培养所得菌数（三皿平均）×50/4 \tag{1-7}$$

2. 自然沉降法

① 将肉汤蛋白胨琼脂培养基、察氏琼脂培养基、高氏 I 号培养基融化后，各倒 5 个平板。

② 采样布点。室内测定时应根据室内面积进行对角线或者梅花式均匀分布点，小于 50m² 的房间应设置 3 个点，50～100m² 设 3～5 个点，100m² 以上至少 5 个点，采样时关闭门窗，减少人员走动。

③ 将上述三种培养皿在实验室空气中分别暴露 5 min。

④ 在 28℃ 温箱中培养 48h 后计算其菌落数，观察菌落形态、颜色。

⑤ 计算 1m³ 空气中微生物的数目。面积 100cm² 的培养基，暴露于空气中 5min，于 37℃ 培养 24h 后所生长的菌落数，相当于 10L 空气中的细菌数。

$$X=N×100×100/r^2 \tag{1-8}$$

式中，X 为每立方米空气中的细菌数；N 为培养后平板上生长的细菌数；r 为平皿底半径，cm。

3. 撞击法

① 调整 Anderson 采样器高度为 1.2～1.5m。

② 将培养皿依次放入圆盘，固定并做好标记。

③ 接通电源打开开关，将流量调整到 28.3L/min。

④ 采样 5min 后，将培养皿取出放置在培养箱中培养。

⑤ 计算空气含菌量。

$$空气含菌量 （CFU/m^3）=[六级采样板的总菌(CFU)/28.3(L/min)]×1000 \tag{1-9}$$

计算空气中微生物大小分布：

$$各级微生物粒子数 = \frac{该级菌落数}{六级总菌落数} \tag{1-10}$$

五、实验结果

1. 记录空气中微生物种类和数量（见表1-6）。

表1-6　空气中微生物种类和数量的统计

项目		细菌	霉菌	放线菌
室内	5min			
室外	5min			

2. 计算每升空气中微生物数目。

六、思考题

测定空气中微生物数量的方法有哪些，简述各自的优缺点。

思政小课堂

"共和国勋章"获得者：钟南山

钟南山

钟南山，1936年生，福建人，共和国勋章获得者、中国工程院院士、教授、博士生导师。

钟南山院士是我国著名的呼吸病学专家，长期从事呼吸系统疾病的临床、教学和基础研究工作。他是当前国内致力于推动我国呼吸系统疾病研究水平迈向国际前沿的学术带头人。他通过创制"简易气道反应性测定法"及流行病学调查，首次证实并完善了"隐藏型哮喘"的概念，该观点被联合国世界卫生组织撰写的《全球哮喘处理和预防策略》所采用；通过系统分析我国慢性咳嗽病因谱，阐明了胃食道反流性咳嗽的气道神经炎症机制；通过创制"运动膈肌功能测定法"，首次证实即使患有早中期慢性阻塞性肺病的病人也会存在蛋白质-能量营养不良，并制定了补充病人基础耗能的校正公式。

2003年SARS疫情暴发，钟南山院士亲率团队投入战斗，主动要求收治危重患者，积极倡导国际大协作，创建"合理使用皮质激素，合理使用无创通气，合理治疗并发症"方法治疗危重SARS患者，获得了96.2%的国际最高存活率，受到世人称赞，被誉为"抗非英雄"。

2020年新冠肺炎疫情发生后，他敢医敢言，提出"人传人"现象，强调严格防控，领导撰写了新冠肺炎诊疗方案，在疫情防控、重症救治、科研攻关等方面作出了杰出贡献。

钟南山院士荣获国家科学技术进步奖一等奖和"全国先进工作者""改革先锋"等称号；2020年9月，被授予"共和国勋章"。

科学精神：求实、严谨、勇敢、奉献。

·• 实验二　样品中菌落总数和大肠菌群数的检测 •·

（一）样品中菌落总数的检测

一、目的要求

学习并掌握样品中菌落总数（平板菌落计数）检测的原理和方法。

二、基本原理

菌落总数主要作为制定食品被污染程度的标志，也可以将这一方法应用于观察细菌在食品中繁殖的动态，以便在对被检样品进行卫生学评价时提供依据。

每种细菌都有它一定的生物学特性，培养时，应用不同的营养条件及其他生理条件去满足其要求，才能分别将各种细菌都培养出来。但在实际工作中，都只用一种常用的方法进行细菌菌落总数的测定。所得结果，只包括一群能在营养琼脂上发育的嗜中温性需氧菌的菌落总数。

菌落形成单位叫作CFU（colony-forming units，CFU），其含义是形成菌落的菌落个数。菌落总数通常采用的是平板计数法，对培养后平板上所生长出的菌落个数计数，从而计算出每毫升或每克待检样品中的菌落数，以CFU/mL或CFU/g表示。

三、实验器材

1. 培养基：平板计数琼脂培养基。

2. 试剂：磷酸盐缓冲液、无菌生理盐水等。

3. 其他：无菌吸管（10mL、1mL）或移液器、无菌锥形瓶、无菌培养皿、酒精灯、试管架、玻璃珠、恒温培养箱 [(36±1)℃、(30±1)℃]、冰箱，恒温水浴箱 [(46±1)℃]、天平（感量为0.1g）、均质器、振荡器、放大镜或菌落计数器等。

四、操作步骤

菌落总数的检验程序见图1-20。

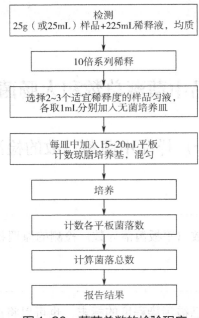

图1-20　菌落总数的检验程序

1. 样品的稀释

① 固体和半固体样品：称取25g样品置于盛有225mL磷酸盐缓冲液或无菌生理盐水的无菌均质杯内，8000～10000r/min均质1～2min，或放入盛有225mL稀释液的无菌均质袋中，用拍击式均质器拍打1～2min，制成1∶10的样品匀液。

② 液体样品：以无菌吸管吸取25mL样品置于盛有225mL磷酸盐缓冲液或无菌生理盐水的无菌锥形瓶（瓶内预置适当数量的无菌玻璃珠）中，充分混匀，制成1∶10的样品匀液。在此稀释液的基础上制备10倍系列稀释样品匀液。

③ 根据对样品污染状况的估计，选择2～3个适宜稀释度的样品匀液，每个稀释度做两个平皿。同时，分别吸取1mL空白稀释液加入两个无菌平皿做空白对照。

④ 及时将15～20mL冷却至46℃的平板计数琼脂培养基倾注平皿，并转动平皿使其混合均匀。

2. 培养

① 待琼脂凝固后，将平板翻转，37℃培养48h。水产品30℃培养72h。

② 如果样品中可能含有在琼脂培养基表面弥漫生长的菌落时，可在凝固后的琼脂表面覆盖一薄层琼脂培养基（约4mL），凝固后翻转平板，按上述条件进行培养。

3. 菌落计数

用肉眼进行观察，必要时可用放大镜或菌落计数器，记录稀释倍数和相应的菌落数量。菌落计数以 CFU 表示。

① 选取菌落数在 30～300CFU 之间、无蔓延菌落生长的平板计数菌落总数。每个稀释度的菌落数应采用两个平板的平均数。

② 其中一个平板有较大片状菌落生长时，则不宜采用；若片状菌落不到平板的一半，而其余一半中菌落分布又很均匀，即可计算半个平板后乘以 2，代表一个平板菌落数。

③ 当平板上出现菌落间无明显界线的链状生长时，则将每条单链作为一个菌落计数。

五、实验结果

1. 菌落总数的计算方法。

① 若只有一个稀释度平板上的菌落数在适宜计数范围内，计算两个平板菌落数的平均值，再将平均值乘以相应稀释倍数，作为每克（g）或毫升（mL）样品中菌落总数结果。

② 若有两个连续稀释度的平板菌落数在适宜计数范围内时，按以下公式计算：

$$N = \frac{\sum C}{(n_1 + 0.1n_2)d} \tag{1-11}$$

式中　N——样品中菌落数；

　　　C——平板（含适宜范围菌落数的平板）菌落数之和；

　　　n_1——第一稀释度（低稀释倍数）平板个数；

　　　n_2——第二稀释度（高稀释倍数）平板个数；

　　　d——稀释因子（第一稀释度）。

示例：

稀释度	1:100（第一稀释度）	1:1000（第二稀释度）
菌落数（CFU）	232,244	35,33

$$N = \frac{\sum C}{(n_1 + 0.1n_2)d} = \frac{232+244+33+35}{(2+0.1\times2)\times10^{-2}} = \frac{544}{0.022} = 24727$$

上述计算数据经数字修约后，N 为 25000 或 2.5×10^4。

③ 若所有稀释度的平板上菌落数均大于 300CFU，则对稀释度最高的平板进行计数，结果按平均菌落数乘以最高稀释倍数计算。

④ 若所有稀释度的平板上菌落数均小于 30CFU，则应按稀释度最低的平均菌落数乘以稀释倍数计算。

⑤ 若所有稀释度的平板菌落数均不在 30～300CFU 之间，其中有一部分小于 30CFU 或大于 300CFU 时，则以最接近 30CFU 或 300CFU 的平均菌落数乘以稀释倍数计算。

2. 菌落总数的报告。

① 菌落数小于 100CFU 时，按"四舍五入"原则修约，以整数报告。

② 菌落数大于或等于 100CFU 时，第 3 位数字采用"四舍五入"原则修约后，取前 2 位数字，后面用 0 代替位数；也可用 10 的指数形式来表示，按"四舍五入"原则修约后，采用两位有效数字。

③ 若所有平板上均为蔓延菌落而无法计数，则报告菌落蔓延。

④ 若空白对照上有菌落生长，则此次检测结果无效。

⑤ 称重取样以 CFU/g 为单位报告，体积取样以 CFU/mL 为单位报告。

（二）样品中大肠菌群数的检测

一、目的要求

学习大肠菌群数的检测原理和方法。

二、基本原理

大肠菌群是指一群在 37℃、24h 能发酵乳糖、产气需氧和兼性厌氧的革兰氏阴性无芽孢杆菌。该菌主要来源于人畜粪便，因此可作为粪便污染指标来评价食品的卫生质量。食品中大肠菌群数以每 100mL（或 g）待测样品中大肠菌群最可能数（MPN）表示。

三、实验器材

1. 试剂：月桂基硫酸盐胰蛋白胨肉汤、煌绿乳糖胆盐、结晶紫中性红胆盐琼脂、磷酸盐缓冲液、无菌生理盐水。

2. 其他：恒温培养箱 [(36±1)℃]、冰箱、恒温水浴箱 [(46±1)℃]、天平（感量 0.1g）、均质器、振荡器、无菌吸管（10mL、1mL）或移液器、无菌锥形瓶、无菌培养皿。

四、操作步骤

1. 方法一：大肠菌群 MPN 计数法

大肠菌群 MPN 计数的检验程序见图 1-21：

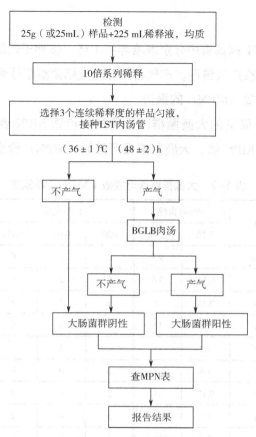

图1-21 大肠菌群MPN计数的检验程序

（1）样品的稀释

① 固体和半固体样品：称取25g样品，放入盛有225mL磷酸盐缓冲液或无菌生理盐水的无菌均质杯内，8000～10000r/min均质1～2min，或放入盛有225mL磷酸盐缓冲液或无菌生理盐水的无菌均质袋中，用拍击式均质器拍打1～2min，制成1:10的样品匀液。

② 液体样品：以无菌吸管吸取25mL样品置于盛有225mL磷酸盐缓冲液或无菌生理盐水的无菌锥形瓶（瓶内预置适当数量的无菌玻璃珠）中，充分混匀制成1:10的样品匀液。样品匀液的pH应在6.5～7.5之间，必要时可分别用NaOH或HCl进行调节。

③ 用1mL无菌吸管或移液器吸取1:10样品匀液1mL，沿管壁缓缓注入9mL磷酸盐缓冲液或无菌生理盐水，混合均匀，制成1:100的样品匀液。根据对样品污染状况的估计，依次制成10倍递增系列稀释样品匀液。

（2）初发酵试验

每个样品选择3个适宜连续稀释度的样品匀液，每个稀释度接种3管月桂基硫酸盐胰蛋白胨（LST）肉汤，每管接种1mL（接种量超过1mL，则用双料LST肉汤），(36±1)℃培养24h，对24h产气者进行复发酵试验。未产气则继续培养至(48±2)h，依旧未产气为大肠菌群阴性。

（3）复发酵试验

用接种环从产气的 LST 肉汤管中分别取培养物 1 环，移种于煌绿乳糖胆盐肉汤（BGLB）管中，37℃ 培养 48 h，观察产气情况。产气者，计为大肠菌群阳性管。

（4）大肠菌群最可能数（MPN）的报告

按"复发酵试验"中确证的大肠菌群阳性管数，检索 MPN 表，报告每克（g）或毫升（mL）样品中大肠菌群的 MPN 值。大肠菌群最可能数（MPN）检索表见表1-7。

表1-7　大肠菌群最可能数（MPN）检索表

阳性管数			MPN	95%可信限		阳性管数			MPN	95%可信限	
0.10	0.01	0.001		下限	上限	0.10	0.01	0.001		下限	上限
0	0	0	<3.0		9.5	2	2	0	21	4.5	42
0	0	1	3.0	0.15	9.6	2	2	1	28	8.7	94
0	1	0	3.0	0.15	11	2	2	2	35	8.7	94
0	1	1	6.1	1.2	18	2	3	0	29	8.7	94
0	2	0	6.2	1.2	18	2	3	1	36	8.7	94
0	3	0	9.4	3.6	38	3	0	0	23	4.6	94
1	0	0	3.6	0.17	18	3	0	1	38	8.7	110
1	0	1	7.2	1.3	18	3	0	2	64	17	180
1	0	2	11	3.6	38	3	1	0	43	9	180
1	1	0	7.4	1.3	20	3	1	1	75	17	200
1	1	1	11	3.6	38	3	1	2	120	37	420
1	2	0	11	3.6	42	3	1	3	160	40	420
1	2	1	15	4.5	42	3	2	0	93	18	420
1	3	0	16	4.5	42	3	2	1	150	37	420
2	0	0	9.2	1.4	38	3	2	2	210	40	430
2	0	1	14	3.6	42	3	2	3	290	90	1000
2	0	2	20	4.5	42	3	3	0	240	42	1000
2	1	0	15	3.7	42	3	3	1	460	90	2000
2	1	1	20	4.5	42	3	3	2	1100	180	4100
2	1	2	27	8.7	94	3	3	3	>1100	420	—

注：1. 本表采用 3 个稀释度 [0.1g(mL)、0.01g(mL)和 0.001g(mL)]，每个稀释度接种 3 管。

2. 表内所列检样量如改用 1g(mL)、0.1g(mL) 和 0.01g(mL) 时，表内数字应相应降低 10 倍；如改用 0.01g(mL)、0.001g(mL)、0.0001g(mL)时，则表内数字应相应升高 10 倍，其余类推。

2. 方法二：大肠菌群平板计数法

大肠菌群平板计数法的检验程序见图 1-22：

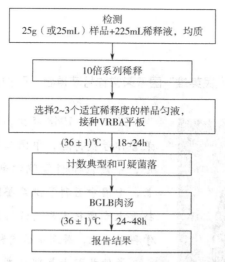

検测
25g（或25mL）样品+225mL稀释液，均质

↓

10倍系列稀释

↓

选择2~3个适宜稀释度的样品匀液，
接种VRBA平板

(36±1)℃ | 18~24h

↓

计数典型和可疑菌落

↓

BGLB肉汤

(36±1)℃ | 24~48h

↓

报告结果

图 1-22　大肠菌群平板计数法的检验程序

（1）样品的稀释

按方法一中"样品的稀释"操作进行。

（2）平板计数

① 选取 2～3 个适宜的连续稀释度，每个稀释度接种 2 个无菌培养皿，每皿 1 mL。同时取 1 mL 生理盐水加入无菌平皿做空白对照。

② 及时将 15～20mL 冷却至 46℃ 的结晶紫中性红胆盐琼脂（VRBA）倾注于每个平皿中。旋转平皿，将培养基与样液充分混匀，待琼脂凝固后，再加 3～4mL VRBA 覆盖平板表层。翻转平板，置于（36±1）℃ 培养 18～24h。

（3）平板菌落数的选择

选取菌落数在 15～150CFU 之间的平板，分别计数平板上出现的典型和可疑大肠菌群菌落。典型菌落为紫红色，菌落周围有红色的胆盐沉淀环，菌落直径为 0.5mm 或更大。

（4）证实试验

从 VRBA 平板上挑取 10 个不同类型的典型和可疑菌落，分别移种于 BGLB 肉汤管内，（36±1）℃培养 24～48h，观察产气情况。凡 BGLB 肉汤管产气，即可报告为大肠菌群阳性。

（5）大肠菌群平板计数的报告

经最后证实为大肠菌群阳性的试管比例乘以计数的平板菌落数，再乘以稀释倍数，即为每克（g）或毫升（mL）样品中大肠菌群数。例如：10^{-4} 样品稀释液 1mL，在 VRBA 平板上有 100 个典型和可疑菌落，挑取其中 10 个接种 BGLB 肉汤管，证实有 6 个阳性管，则该样品的大肠菌群数为：$100×6/10×10^4/g(mL)=6.0×10^5$ CFU/g(mL)。

"人民英雄"国家荣誉称号获得者：张伯礼

张伯礼

张伯礼，1948 年生，河北人，"人民英雄"国家荣誉称号获得者，中国工程院院士、医学卫生学部主任，中国医学科学院学部委员，天津中医药大学校长，中国中医科学院名誉院长，"重大新药创制"科技重大专项技术副总师，国家重点学科——中医内科学科带头人，著名中医内科专家。

张伯礼院士长期从事心脑血管疾病防治和中医药现代化研究工作。20 世纪 80 年代，开展中医舌诊客观化研究，开拓了舌象色度学和舌底诊研究方向。20 世纪 90 年代，开展血管性痴呆（VD）系统研究，制定了 VD 证类分型标准和按平台、波动及下滑三期证治方案；明确了中风病证候和先兆症动态演变规律，建立了综合治疗方案；创立了脑脊液药理学方法，揭示了中药对神经细胞的保护作用机制。自 1999 年起，开展方剂关键科学问题研究，连续三次获得国家重点基础研究发展计划（"973"计划）支持，创建了以组分配伍研制现代中药的途径和关键技术；21 世纪初，完成了首个中医药对冠心病二级预防大规模循证研究，建立了中医药循证评价系列方法；开拓中成药二次开发研究领域，促进中药科技内涵和质量提升，推动了中药产业技术升级，培育了中药大品种群。

他坚持院校教育和师承教育相结合，创建了"基于案例的讨论式教学——自主式学习联动"的教学方法。2008 年，他主持制定了《中国·中医学本科教育标准》，开展了中医药标准化建设和中医学专业的认证工作；主持制定了《世界中医学本科（中医师前）教育标准》，这是世界中医学教育史上第一个国际标准，在全球 50 多个国家和地区推广应用；组织各国专家编写了国际通用系列中医药教材，筹建了"一带一路"中医师资培训基地，制定了世界中医专业认证标准，推动了中医药事业传承创新发展。

2020 年新冠疫情发生后，他主持研究制定中西医结合救治防范，指导中医药全过程介入新冠肺炎救治，成效显著，为疫情防控作出了重大贡献。

张伯礼院士荣获国家科技进步一等奖和"全国优秀共产党员""全国先进工作者"等称号；2020 年 9 月，被授予"人民英雄"国家荣誉称号。

科学精神：开拓、创新、改革、奉献。

·· 实验三　微生物的生理生化特性试验 ··

（一）大分子物质的水解试验

一、目的要求

1. 证明不同微生物对各种有机大分子物质的水解能力不同，从而说明不同微生物有着不同的酶系统。

2. 掌握进行微生物大分子物质水解试验的原理和方法。

二、基本原理

微生物对大分子物质如淀粉、蛋白质和脂肪不能直接利用，必须依靠产生的胞外酶将大分子物质分解后，才能吸收利用。如淀粉酶水解淀粉为小分子的糊精、双糖和单糖，脂肪酶水解脂肪为甘油和脂肪酸，蛋白酶水解蛋白质为氨基酸等，这些过程均可通过观察细菌菌落周围的物质变化来证实。

（1）淀粉、油脂水解试验

例如淀粉遇碘液会产生蓝色，但细菌水解淀粉的区域，用碘液测定时，不再产生蓝色，表明细菌产生了淀粉酶；脂肪水解后产生的脂肪酸可改变培养基的 pH，使 pH 降低，加入培养基的中性红指示剂会使培养基从淡红色转变为深红色，说明细胞外存在脂肪酶。

（2）明胶水解试验

微生物除了可以利用各种蛋白质和氨基酸作为氮源外，当缺乏糖类物质时，亦可用明胶等大分子物质作为能量来源。明胶是由胶原蛋白水解产生的蛋白质，在 25℃ 以下可维持凝胶状态，以固体形式存在，而在 25℃ 以上明胶会液化。有些微生物可产生一种称作明胶酶的胞外酶，水解这种明胶蛋白质，从而使明胶液化，甚至在 4℃ 时仍能保持液化状态。

（3）石蕊牛奶试验

还有些微生物能水解牛奶中的蛋白质酪素，酪素的水解可用石蕊牛奶来检测。石蕊牛奶培养基由脱脂牛奶和石蕊配制而成，呈混浊的蓝色，酪素水解成氨基酸和肽后，培养基会变得透明。石蕊牛奶也常被用来检测乳糖发酵，因为在酸的存在下，石蕊会转变为粉红色，而过量的酸可引起牛奶的固化，氨基酸的分解会引起碱性反应，使石蕊变为紫色。此外，某些细菌能还原石蕊，使试管底部变为白色。

（4）尿素试验

尿素是由大多数哺乳动物消化蛋白质后分泌在尿液中的废物。尿素酶能分解尿素释放出氨，这是一个分辨细菌很有用的诊断试验。尽管有许多微生物都可以产生尿素酶，但它们利用尿素的速度比变形杆菌属的细菌要慢，因此尿素酶试验被用来从其他非发酵乳糖的肠道微生物中快速区分这个属的成员。尿素琼脂含有尿素、葡萄糖和酚红，酚红在 pH 6.8 时为黄色，而在培养过程中，产生尿素酶的细菌将分解尿素产生氨，使培养基的 pH 升高，在 pH 升至 8.4 时，指示剂就转变为深粉红色。

（5）硝酸盐还原试验

有些细菌具有硝酸还原能力，可将硝酸盐还原为亚硝酸盐或氨和氮等。当加入格里斯氏试剂后，亚硝酸盐与其中的乙酸作用生成亚硝酸，亚硝酸与对氨基苯磺酸作用形成重氮苯磺酸，后者与 α-萘胺结合形成红色的 N-α-萘胺偶氮苯磺酸，此为阳性反应。

阴性反应的原因有两种可能性：

① 细菌不能还原硝酸盐，则培养后的培养液中仍有硝酸盐存在。

② 亚硝酸盐继续分解生成氨和氮，则培养基中没有硝酸盐存在。

硝酸盐的存在与否可用二苯胺试剂检查。如果有硝酸盐存在，当溶液加入 1～2 滴二苯胺试剂时，培养液如果呈蓝色，则表示培养物中仍有硝酸盐，又无亚硝酸反应，表示无硝酸盐还原作用；如不呈蓝色表示硝酸盐和新生成的亚硝酸盐都已还原成其他物质，故仍应按硝酸盐还原阳性处理。

（6）VP 试验

某些细菌生长于葡萄糖蛋白胨水培养基中能分解葡萄糖产生丙酮酸，而丙酮酸又可缩合、脱羧而转变成乙酰甲基甲醇，如加入强碱液，即与空气中的氧气起作用产生二乙酰，二乙酰与蛋白胨中胍基成分作用生成红色化合物，称阳性反应，没有红色化合物产生则称阴性反应。

三、实验器材

1. 菌种：枯草芽孢杆菌、大肠杆菌、金黄色葡萄球菌、铜绿假单胞菌、普通变形杆菌、产气杆菌。

2. 培养基：固体油脂培养基、固体淀粉培养基、明胶培养基试管、石蕊牛奶试管、尿素琼脂试管、葡萄糖蛋白胨水培养基、硝酸盐液体培养基、柠檬酸盐斜面。

3. 试剂：卢戈碘液，格里斯氏试剂 A、B 液，二苯胺试剂，甲基红指示剂。

4. 其他：无菌平板、无菌试管、接种环、接种针和试管架等。

四、操作步骤

1. 淀粉水解试验

① 将固体淀粉培养基融化后冷却至 50℃ 左右，无菌操作制成平板。

② 用记号笔在平板底部划成 4 部分。

③ 将枯草芽孢杆菌、大肠杆菌、金黄色葡萄球菌和铜绿假单胞菌分别在不同的部分划线接种，在平板的反面分别在 4 部分标上菌名。

④ 将平板倒置在 37℃ 温箱中培养 24h。

⑤ 观察结果：打开皿盖，滴加少量碘液于培养基上，轻轻旋转培养皿，使碘液均匀铺满整个平板。如果在菌周围出现无色透明圈，说明淀粉被水解，为阳性。透明圈大小可说明该菌水解淀粉能力的大小，即产生胞外淀粉酶活力的高低。

2. 油脂水解试验

① 将融化的固体油脂培养基冷却至 50℃ 左右，充分振荡，使油脂均匀分布，无菌操作倒入平板，待凝。

② 用记号笔在平板底部划成 4 部分，分别在 4 部分标上菌名。

③ 用无菌操作将枯草芽孢杆菌、大肠杆菌、金黄色葡萄球菌和铜绿假单胞菌分别划十字线接种于平板相对应部分的中心。

④ 将平板倒置，37℃ 温箱中培养 24h。

⑤ 取出平板，观察菌苔颜色。如出现红色斑点，则说明脂肪被水解，为阳性反应。

3. 明胶水解试验

① 取 3 支明胶培养基试管，用记号笔标明各管欲接种的菌名。

② 以无菌操作，穿刺接种大肠杆菌、枯草芽孢杆菌和金黄色葡萄球菌于明胶培养基中。

③ 将接种后的试管置 20℃ 温箱中培养 48h。

④ 观察明胶液化情况（图 1-23）。

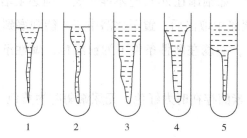

图 1-23　明胶穿刺接种液化后的各种形状
1—火山口状；2—芜菁状；3—漏斗状；4—囊状；5—层状

4. 石蕊牛奶试验

① 取 2 支石蕊牛奶培养基试管，用记号笔标明各管欲接种的菌名。

② 分别接种普通变形杆菌和金黄色葡萄球菌。

③ 将接种后的试管置于 35℃ 温箱中培养 24～48h。

④ 观察培养基颜色变化。

5. 尿素试验

① 取 2 支尿素培养基斜面试管，用记号笔标明各管欲接种的菌名。

② 分别接种普通变形杆菌和金黄色葡萄球菌。

③ 将接种后的试管置于 35℃ 温箱中培养 24～48h。

④ 观察培养基颜色变化。

6. 硝酸盐还原试验

① 分别接种大肠杆菌、枯草芽孢杆菌于硝酸盐液体培养基中，每菌株做两个重复，另外留一管不接种做对照，试管上注明菌名，置于 37℃ 培养 48～96h。

② 取两支干净的空试管或比色瓷盘小窝倒入少许培养了 48～96h 的培养液，再滴一滴格里斯氏试剂 A 液或 B 液。在对照管中同样加入 A 液或 B 液各一滴。

③ 观察结果：当培养液中滴入 A、B 液后，溶液如变为粉红色、玫瑰红色、橙色、棕色等，表示有亚硝酸盐存在，为硝酸盐还原阳性。如无红色出现，则可加 1～2 滴二苯胺试剂，此时如呈蓝色，则为阴性反应；如不呈蓝色，则仍为阳性反应。

7. VP 试验

① 取葡萄糖蛋白胨水培养基两支（每支盛有 5mL 培养液），一支接入大肠杆菌，一支接入产气杆菌。注明菌名，置于 37℃ 培养。

② 培养 24h 后取出，在培养液中加入 40% KOH 溶液 10～20 滴（约 0.5mL）。再加等量的 α-萘酚溶液，拔去棉塞用力振荡，然后放到 37℃ 水浴或保温箱中保温 15～30min。如培养液中出现红色，VP 反应阳性；如无此反应，即为阴性。

注意事项

[1] 在明胶水解试验中，如细菌在 20℃ 时不能生长，则必须培养在所需的最适温度下，观察结果时需将试管从恒温箱中取出后，置于冰浴中，才能观察到其液化程度。

[2] 在石蕊牛奶试验中，石蕊在酸性条件下为粉红色，碱性条件下为紫色，而被还原时为白色。

[3] 在尿素试验中，尿素酶存在时为红色，无尿素酶时为黄色。

五、实验结果

将结果填入表 1-8。"+"表示阳性，"-"表示阴性。

表 1-8　结果记录表

实验名称	菌名	结果
淀粉水解试验		

实验名称	菌名	结果
油脂水解试验		
明胶水解试验		
石蕊牛奶试验		
尿素试验		
硝酸盐还原试验		
VP 试验		

六、思考题

1. 你如何解释淀粉酶是胞外酶而非胞内酶?

2. 如果 NO_2^- 反应是阴性, NO_3^- 反应也是阴性, 这种细菌有没有硝酸盐还原能力?

3. 接种后的明胶可以在 35℃ 培养, 在培养后你必须做什么才能证明存在水解?

4. 请解释在石蕊牛奶试验中石蕊为什么能起到氧化还原指示剂的作用。

5. 为什么尿素试验可用于鉴定变形杆菌属细菌?

6. 细菌的生理生化反应试验意义何在?

(二) 糖发酵试验

一、目的要求

1. 了解糖发酵的原理和在肠道细菌鉴定中的重要作用。

2. 掌握通过糖发酵鉴别不同微生物的方法。

二、基本原理

糖发酵试验常用来鉴别微生物的生化反应，在肠道细菌的鉴定上尤为重要。绝大多数细菌都能利用糖类作为碳源，但是它们在分解糖类物质的能力上有很大差异，有些细菌能分解某种糖产生有机酸和气体，有些细菌只产酸不产气。使用大肠杆菌和普通变形杆菌进行糖发酵试验，是因为它们对不同糖的分解能力不同，并且分解相同的糖类会产生不同的代谢产物。例如大肠杆菌能分解乳糖和葡萄糖产酸并产气；普通变形杆菌能分解葡萄糖产酸产气，但不能分解乳糖。

三、实验器材

1. 菌种：大肠杆菌、普通变形杆菌斜面各一支。
2. 培养基：葡萄糖发酵培养基试管和乳糖发酵培养基试管各 3 支（内装有倒置的杜氏小管）。
3. 其他：试管架、接种环等。

四、操作步骤

① 用记号笔在各试管外壁上分别标明发酵培养基的名称和所接种的细菌菌名。

② 取葡萄糖发酵培养基试管 3 支，其中 2 支分别接入大肠杆菌、普通变形杆菌，而第 3 支不接种，作为对照。另取乳糖发酵培养基试管 3 支，同样其中 2 支分别接入大肠杆菌、普通变形杆菌，而第 3 支不接种，作为对照。在接种后，轻轻摇动试管，使其均匀，防止倒置的小管进入气泡。

③ 将接过种和作为对照的 6 支试管均置于 37℃ 温箱中培养 24～48h。

④ 观察各试管颜色变化及杜氏小管中有无气泡产生。

五、实验结果

将结果填入表 1-9。"+"表示产酸或产气，"-"表示不产酸或不产气。

表1-9　结果记录表

糖类发酵	大肠杆菌	普通变形杆菌	对照
葡萄糖发酵 乳糖发酵			

六、思考题

假如某些微生物可以有氧代谢葡萄糖，发酵试验应该出现什么结果？

（三）IMViC 试验与硫化氢试验

一、目的要求

了解 IMViC 试验与硫化氢试验的原理及其在肠道细菌鉴定中的意义和方法。

二、基本原理

1. IMViC 试验原理

IMViC 试验是吲哚试验（indol test）、甲基红试验（methyl red test）、伏-波（Voges-Prokauer test）试验和柠檬酸盐（citrate test）试验的缩写，i 是在英文中为发音方便而加上去的。这 4 个试验主要是用来快速鉴别大肠杆菌和产气肠杆菌，多用于水中细菌的检查。大肠杆菌虽非致病菌，但在饮用水中如超过一定量，则表示水质受粪便污染。产气肠杆菌也广泛存在于自然界中，因此检查水时，要将两者分开。

吲哚试验是用来检测吲哚的产生，有些细菌能产生色氨酸酶，分解蛋白胨中的色氨酸，产生吲哚（靛基质）和丙酮酸。吲哚与对二甲基氨基苯甲醛结合，形成红色的玫瑰吲哚。但并非所有的微生物都具有分解色氨酸产生吲哚的能力，因此吲哚试验可以作为一个生物化学检测的指标。大肠杆菌吲哚反应阳性反应，产气肠杆菌为阴性反应。

甲基红试验是用来检测由葡萄糖产生的有机酸。某些细菌在葡萄糖蛋白胨水培养基中能产生大量的酸，使 pH 降低至 4～5，酸的产生可由加入甲基红指示剂的变色而指示。甲基红的变色范围 pH 为 4.2（红色）～6.3（黄色）。细菌分解葡萄糖产酸，则培养液由原来的橘黄色变为红色，即为甲基红阳性反应。尽管所有的肠道微生物都能发酵葡萄糖产生有机酸，但这个试验在区分大肠杆菌和产气肠杆菌上仍然是有价值的。这两个细菌在培养的早期均产生有机酸，但大肠杆菌在培养后期仍能维持酸性（pH 4），而产气肠杆菌则转化有机酸为非酸性末端产物（如乙醇、丙酮酸等），使 pH 升至大约为 6。因此，大肠杆菌为阳性反应，产气肠杆菌为阴性反应。

伏-波试验是用来测定某些细菌利用葡萄糖产生非酸性或中性末端产物的能力，如丙酮酸。丙酮酸进行缩合、脱羧生成乙酰甲基甲醇，此化合物在碱性条件下能被空气中的氧气氧化成二乙酰。二乙酰与蛋白胨中精氨酸的胍基作用，生成红色化合物，即伏-波反应阳性，不产生红色化合物者为反应阴性。有时为了使反应更为明显，可加入少量含胍基的化合物，如肌酸等。产气肠杆菌为阳性反应，大肠杆菌为阴性反应。

柠檬酸盐试验是用来检测柠檬酸盐是否被利用。有些细菌利用柠檬酸盐作为碳源，如产气肠杆菌；而另一些细菌不能利用柠檬酸盐，如大肠杆菌。细菌在分解柠檬酸盐及培养基中的磷酸铵后，产生碱性化合物，使培养基的 pH 升高，当加入 1%溴麝香草酚蓝指示剂时，培养基就会由绿色转变为深蓝色。溴麝香草酚蓝的指示范围：pH 小于 6.0 时呈黄色，pH 在 6.5～7.0 时为绿色，pH 大于 7.6 时呈蓝色。

　　2. 硫化氢试验原理

　　硫化氢试验也是检查肠道细菌的生化试验。某些菌能分解含硫氨基酸（如胱氨酸、半胱氨酸、甲硫氨酸等）产生硫化氢（H_2S），H_2S 遇重金属盐类（如铅盐、铁盐等），形成黑色的硫化铅或硫化铁沉淀物，从而可断定 H_2S 的产生与否。其测定方法有两种：一种是用含有柠檬酸铁胺的培养基穿刺培养，看是否有黑色沉淀；另一种是在盛有液体培养基的试管中接种菌以后，在试管的棉塞下吊一片醋酸铅试纸（醋酸铅试纸的制法：将普通滤纸浸在 1%的醋酸铅溶液中，取出晾干，加压灭菌后，105℃ 烘干备用），经培养后看醋酸铅试纸是否变黑。

三、实验器材

　　1. 菌种：大肠杆菌、产气肠杆菌。

　　2. 培养基：蛋白胨水培养基、葡萄糖蛋白胨水培养基、柠檬酸盐斜面培养基、醋酸铅培养基。

　　3. 试剂：甲基红指示剂、400g/L KOH、50g/L α-萘酚、乙醚、吲哚试剂等。

　　4. 其他：接种针、试管架、棉塞、酒精灯等。

四、操作步骤

　　1. 接种与培养

　　① 将上述两菌分别接入 2 支蛋白胨水培养基（吲哚试验）、2 支葡萄糖蛋白胨水培养基（甲基红试验和伏-波试验）和 2 支柠檬酸盐斜面培养基（柠檬酸盐试验）中，置于 37℃ 培养 48h。

　　② 用接种针将大肠杆菌、产气肠杆菌分别穿刺接入 2 支醋酸铅培养基中(硫化氢试验)，置于 37℃ 培养 48 h。

　　2. 结果观察

　　① 吲哚试验：置于 37℃ 培养 24h。在培养液中先加入乙醚约 1mL（使呈明显的乙醚层），充分振荡，使吲哚溶于乙醚中，静置片刻，使乙醚层浮于培养液的上面，这时再沿管壁慢慢加入吲哚试剂 10 滴，观察有无红色环出现。注意，加入试剂后不可再摇动，否则被混合，红色不明显。

② 甲基红试验：置于 37℃ 培养 24h。沿管壁加入甲基红指示剂 3～4 滴，上层呈红色者为阳性，变黄色者为阴性。

③ 伏-波试验：培养 48h 后，向另 1 支葡萄糖蛋白胨水培养基加入 5～10 滴 400g/L KOH 溶液，然后加入等量的 50 g/L α-萘酚溶液，用力振荡，再放入 37℃ 温箱中保温 15～30min 以加快反应速度，若培养物呈红色者，为伏-波反应阳性。

④ 柠檬酸盐试验：置于 37℃ 培养 48 h。观察结果，培养基颜色由绿色变深蓝色者为阳性，不变者为阴性。

⑤ 硫化氢试验：试管上注明菌名，置于 37℃ 培养 24 h。培养后取出观察，看有无黑色沉淀产生。

注意事项

[1] 在配制柠檬酸盐斜面培养基时，其 pH 不要偏高，以淡绿色为宜。吲哚试验中用的蛋白胨水培养基宜选用色氨酸含量高的蛋白胨，如以胰酶水解酪素得到的蛋白胨为好。

[2] 穿刺接种法：将已挑有菌的接种针（针必须很挺直），自培养基中心垂直刺入培养基中，然后沿原穿刺线将针拔除，塞上棉塞，将接种针上残留的菌在火焰上烧掉。

[3] 加入 3～4 滴乙醚，摇动数次，静置 1min，待乙醚上升后，再沿管壁徐徐加入 10 滴吲哚试剂。否则就不会观测到在乙醚和培养物之间产生的红色环状物。

[4] 甲基红试验中，应该注意甲基红指示剂不要加得太多，以免出现假阳性。

五、实验结果

将试验结果填入表 1-10。"+"表示阳性反应，"-"表示阴性反应。

表 1-10　结果记录表

菌名	IMViC 试验				
	吲哚试验	甲基红试验	伏-波试验	柠檬酸盐试验	硫化氢试验
大肠杆菌					
产气肠杆菌					
对照					

六、思考题

1. 讨论 IMViC 试验在医学检验上的意义。

2. 解释在细菌培养中吲哚检测的化学原理，为什么在这个试验中用吲哚的存在作为色氨酸酶活性的指示剂，而不用丙酮酸？

3. 为什么大肠杆菌为甲基红反应阳性，而产气肠杆菌为阴性？这个试验与伏-波试验最初底物与最终产物有何异同处？为什么会出现不同？

4. 说明在硫化氢试验中醋酸铅的作用，可以用哪种化合物代替醋酸铅?

"共和国勋章"获得者：袁隆平

袁隆平

袁隆平，1930 年生，江西人，中国工程院院士、美国国家科学院院士、中国发明协会会士、湖南农业大学名誉校长，中国研究与发展杂交水稻开创者，被誉为"世界杂交水稻之父"。

袁隆平院士是国内外享有盛誉的杂交水稻育种专家，是杂交水稻研究领域的开创者和带头人。他长期致力于杂交水稻的研究、应用与推广，发明"三系法"籼型杂交水稻，成功研究出"两系法"杂交水稻，创建了超级杂交稻技术体系，提出及实施"种三产四丰产工程"，运用超级杂交稻的技术成果。

袁隆平院士荣获国家最高科学技术奖、沃尔夫农业奖、"未来科学大奖"生命科学奖和"改革先锋"等称号。2019 年 9 月，被授予"共和国勋章"。

科学精神：求实、创新、探索、奉献。

第二章
细胞生物学实验技术

第一节
细胞生物学基本实验技术

·· 实验一　细胞膜的渗透性 ··

一、目的要求

1. 通过实验观察，加深对生物膜选择透过性、细胞膜渗透性和溶血现象及其发生机制的理解。

2. 观察比较各种小分子物质跨膜进入红细胞的速度，进一步掌握临时装片技术和显微镜的使用方法。

二、基本原理

细胞膜是细胞和环境之间进行物质交换的选择通透性屏障。它本质上是一种半透膜，所以具有对物质选择透过的生理功能。其基本原则是脂溶性物质透过性高于水溶性物质、小分子物质透过性高于大分子物质、非极性分子物质透过性高于极性分子物质。细胞膜两侧溶液的浓度差会形成化学势能差，在化学势能差的驱动下，溶剂穿过对溶质不透过的膜的过程称为渗透作用。将红细胞置于各种等渗溶液中，由于红细胞膜对各种溶质分子的透过性不同，有的分子能通过，有的不能通过。当渗入红细胞中的溶质过多时，红细胞中的渗透压就会相应升高，使水进入细胞，造成细胞膜破裂，血红蛋白从红细胞中逸出，这就是溶血现象。

溶质分子种类不同，透过细胞膜的速度也有差异。当溶质分子进入红细胞内时，胞内溶质增加，导致水分摄入，红细胞膨胀到一定程度时，细胞膜破裂而出现溶血，溶血现象发生时浓密的红细胞悬液（不透明）会变成红色透明的血红蛋白溶液。由于溶质渗入细胞的速度不同，溶血时间也不同，因此可以根据溶血时间粗略判断物质穿膜的速度。

三、实验器材

1. 材料：新鲜鸡血（现取现用）。

2. 试剂：肝素（5μg/mL）、氯化钠溶液（0.17mol/L）、氯化铵溶液（0.17mol/L）、醋酸

铵溶液（0.17mol/L）、硝酸钠溶液（0.17mol/L）、草酸铵溶液（0.12mol/L）、硫酸钠溶液（0.12mol/L）、葡萄糖溶液（0.32mol/L）、甘油溶液（0.32mol/L）、乙醇溶液（0.32mol/L）、丙酮溶液（0.32mol/L）等。上述试剂均需提前配制。

3. 其他：50mL 烧杯、10mL 移液管、滴管、试管、试管架。

四、操作步骤

（1）制备鸡血细胞悬液

用肝素润湿移液管，取 20mL 鸡血加入 200mL 生理盐水中，配成不透明的红色鸡血细胞悬液。

（2）观察溶血现象

在试管中加入 10mL 蒸馏水，再加入 1mL 鸡血细胞悬液，轻轻混匀，溶液由混浊变为澄清透明，这就是溶血现象。

（3）观察细胞膜的渗透性

依次量取 10 种溶液各 10mL，加入试管中，再逐一加入 1mL 鸡血细胞悬液，轻轻混匀，注意溶液颜色变化，并记录下颜色变化所需时间。

注意事项

[1] 试管中有红细胞和测试溶液时，不可用力摇动，避免人为因素造成红细胞破裂。

[2] 移液管滴加不同溶液时，应及时更换，避免污染溶液。

[3] 肝素不可过多使用，可能导致溶血。

五、实验结果

记录观察到的实验现象，并对实验结果进行分析比较（表 2-1）。

表 2-1　实验结果记录与分析

编号	加入试剂	是否溶血	溶血时间	结果分析
1	10mL 氯化钠溶液+1mL 鸡血细胞悬液			
2	10mL 氯化铵溶液+1mL 鸡血细胞悬液			
3	10mL 醋酸铵溶液+1mL 鸡血细胞悬液			
4	10mL 硝酸钠溶液+1mL 鸡血细胞悬液			
5	10mL 草酸铵溶液+1mL 鸡血细胞悬液			
6	10mL 硫酸钠溶液+1mL 鸡血细胞悬液			
7	10mL 葡萄糖溶液+1mL 鸡血细胞悬液			
8	10mL 甘油溶液+1mL 鸡血细胞悬液			
9	10mL 乙醇溶液+1mL 鸡血细胞悬液			
10	10mL 丙酮溶液+1mL 鸡血细胞悬液			

六、思考题

1. 肝素的主要作用机制是什么?
2. 细胞膜对物质的渗透性主要取决于哪些因素?

拓展阅读

1974年诺贝尔生理学或医学奖:细胞结构和功能组织的发现

阿尔伯特·克劳德　　　　克里斯汀·德·迪夫　　　　乔治·帕拉德
（Albert Claude）　　　　（Christian de Duve）　　　　（George E. Palade）

　　1974 年诺贝尔生理学或医学奖被授予阿尔伯特·克劳德（Albert Claude）、克里斯汀·德·迪夫（Christian de Duve）、乔治·帕拉德（George E. Palade）三位科学家，因为他们发现了细胞的结构和功能组织。身体由包含细胞器的细胞组成，而细胞器具有各种功能。阿尔伯特·克劳德通过对新开发电子显微镜的研究以及使用离心机分离粉碎细胞各个部分的方法，为详细研究细胞开辟了新的机会。1955 年，克里斯汀·德·迪夫在细胞中发现了以前未知的细胞器——溶酶体。它们在分解不同类型的材料（如细菌和已磨损的细胞部分）中具有重要功能。而乔治·帕拉德在细胞中发现了核糖体，确定了细胞合成、运输和分泌蛋白质的途径。

·· 实验二　血细胞观察和人 ABO 血型鉴定 ··

一、目的要求

　　1. 学习并掌握人血涂片标本制作的方法，了解人血细胞的类型和形态，巩固显微镜的使用方法。

2. 掌握血型鉴定的方法及原理，学习测定人 ABO 血型的常规方法。

二、基本原理

利用血涂片法可将血细胞平铺于载玻片，通过普通光学显微镜可观察到不同类型的血细胞。血细胞包括红细胞、白细胞和血小板三大类，均起源于造血干细胞。红细胞直径 7~8.5μm，呈双凹圆盘状，中央较薄（约为 1.0μm），周缘较厚（约为 2.0μm），故在血涂片标本中呈中央染色较浅、周缘染色较深的形态，主要功能为运载氧气与二氧化碳。白细胞体积比红细胞大，根据白细胞胞质有无特殊颗粒，可将其分为有粒白细胞和无粒白细胞两类，有粒白细胞又根据颗粒的嗜色性，分为中性粒细胞、嗜酸性粒细胞和嗜碱性粒细胞；无粒白细胞有单核细胞和淋巴细胞两种，白细胞主要与免疫功能有关。血小板无细胞核，表面有完整的细胞膜，体积甚小，直径约 2~4μm，在血涂片中，血小板常呈多角形，聚集成群。在正常生理状况下，血细胞有一定的形态结构，并有相对稳定的数量和比例。

血型是指血细胞膜上特异抗原的类型。在人 ABO 血型系统中，红细胞膜上有 A、B 两种凝集原，其血清中存在能与红细胞膜上的凝集原发生反应的两种凝集素（抗体），即抗 B 凝集素和抗 A 凝集素。根据红细胞膜上有无 A、B 凝集原而将人的血型分为 A、B、O 和 AB 四种基本类型。

① 红细胞膜上只有 A 凝集原者为 A 型血，其血浆中有抗 B 凝集素。

② 红细胞膜上只有 B 凝集原者为 B 型血，其血浆中有抗 A 凝集素。

③ 红细胞膜上既没有 A 凝集原又没有 B 凝集原者为 O 型血，其血浆中有抗 A 和抗 B 两种凝集素。

④ 红细胞膜上既有 A 凝集原又有 B 凝集原者为 AB 型血，其血浆中既没有抗 A 凝集素也没有抗 B 凝集素。

若将含 A 凝集原的红细胞与含抗 A 凝集素的血浆（或血清）混合，就会出现红细胞聚集成簇的现象，这种现象称为红细胞的凝集反应。血型鉴定的方法就是根据这一原理设计的，将受试者的血液（主要是红细胞）分别加入标准 A 型血清（含抗 B 凝集素）和标准 B 型血清（含抗 A 凝集素）中，观察有无红细胞凝集现象发生，从而判断受试者的血型。

三、实验器材

1. 材料：标准 A 型和 B 型血清。

2. 试剂：瑞氏（Wright's）染液（取瑞氏粉 0.1g 加 60mL 甲醇研磨溶解，存于棕色瓶中，一周后使用，密封保存可长期使用；或购买市售成品）；磷酸缓冲液（取磷酸二氢钾 6.63g、磷酸氢二钠 2.56g 溶于蒸馏水 1000mL 即得）

3. 其他：生理盐水、75%酒精、显微镜、离心机、采血针、载玻片、盖玻片、滴管、小试管、试管架、灭菌牙签、棉球、消毒棉签、移液器等。

四、操作步骤

1. 血涂片的制作

① 血液样品取材：用75%酒精棉球消毒手指指腹，用一次性采血针（采血器）刺穿皮肤后，取第二滴血液（少量即可），滴加于载玻片的一端。

② 取干净载玻片，其窄边从两载玻片形成的锐角侧缓慢接触血滴样品，使其在载玻片接触处展成线状，以约45°轻推载玻片，使样品展成一薄层血膜。

③ 待血涂片晾干后，往血膜区滴加瑞氏染液，数十秒后，再滴加蒸馏水（瑞氏染液体积的2倍），继续染色5～8min，用磷酸缓冲液或蒸馏水轻轻冲洗血涂片，并不时镜检调色，至颜色合适为止。

2. 人ABO血型的鉴定方法

（1）玻片法

① 向小试管中加入1mL生理盐水，用75%酒精棉球消毒手指指腹，用一次性采血针（采血器）刺穿皮肤后，滴入1～2滴血液后轻轻混匀制成血细胞悬液。

② 取洁净玻片一块，在玻片背面左右两端做好标记（A、B或抗A、抗B）。将标准的A型（抗B）和B型（抗A）血清分别滴在玻片左右两端。

③ 吸取血细胞悬液分别滴1滴于玻片两端的血清上，再用两支牙签分别混匀。10min后肉眼观察有无凝集现象。如无凝集现象，等30min后再观察，并根据凝集情况对受试者的血型做出判断。

（2）试管法

① 取小试管2支，分别标明A、B，加入A型或B型标准血清与受试者血细胞悬液各1滴，混匀后立即1000r/min离心1min。

② 取出后用手指轻弹试管底，待沉淀物被弹起后，在良好的光源下观察。若沉淀物成团漂起，表示发生凝集现象；若沉淀物边缘呈烟雾状逐渐上升，最后使试管内液体恢复血细胞悬液状态，表示无凝集现象。

注意事项

[1] 血涂片制作技巧

① 细胞染色对氢离子浓度十分敏感，配制瑞氏染液必须用优质甲醇，稀释染液须用缓冲液，冲洗用水应接近中性，否则各种细胞染色反应异常，致使细胞识别困难，甚至造成错误。

② 一张良好的血涂片要求厚薄适宜，头体尾分明，分布均匀，边缘整齐，两侧留有空隙。血涂片制好后最好立即染色，以免细胞破裂或脱水。

③ 血膜未干透，细胞尚未牢固附在玻片上，在染色过程中容易脱落，因此血膜必须充分干燥。

④ 染色时间与染液浓度、室温高低、细胞多少有关。染液越淡，室温越低，细胞越多，所需染色时间越长或应适当增加染液量，因此染色时间应视具体情况而定，特别是在更换新染液时必须经试染，摸索最佳染色条件。

[2] 人 ABO 血型鉴定

① 试管法较玻片法结果准确，凝集反应的强度因受检者抗体效价而异，肉眼看不清凝集反应现象时，应在低倍显微镜下观察。

② 注意是否有溶血现象，切勿把溶血当作不凝集。

③ 判断红细胞凝集，要有足够的时间。如室温过低，可延长观察时间，或将载玻片存放在37℃培养箱中。

④ 注意区分红细胞数量较多区域的细胞重叠和凝集现象。前者经滴加1～2滴生理盐水并混匀后，重叠的细胞分散，而细胞凝集则不分散。

⑤ 注意吸取标准血清的滴管和搅拌用的牙签等用品不能混用；蘸取血液时一支牙签只蘸一次，避免交叉污染。

五、实验结果

1. 血细胞观察

油浸镜下，红细胞呈圆盘状，中央薄、无核、着色浅、数量多；白细胞胞质呈淡蓝色，核为深蓝或紫色，白细胞核形态多样，有叶形、肾形或圆形等，颜色也因为酸碱性质不同而深浅不一；血小板染成紫红色，呈不规则形态。

2. 人 ABO 血型鉴定

观察标准 A 型血清和标准 B 型血清中是否产生凝集反应，若：

① 标准 A 型血清无反应，标准 B 型血清产生凝集反应，则为 A 型血。

② 标准 A 型血清产生凝集反应，标准 B 型血清无反应，则为 B 型血。

③ 标准 A 型血清和标准 B 型血清都产生凝集反应，则为 AB 型血。

④ 标准 A 型血清和标准 B 型血清都无反应，则为 O 型血。

六、思考题

1. 显微镜观察血涂片时，视野选取血细胞覆盖密集较大还是稀疏的区域？

2. 血液的凝集、凝固、溶血分别是什么？人 ABO 血型鉴定如果是 AB 型，可否直接输用任何血型的血液？

·· 实验三　生物组织石蜡切片技术 ··

一、目的要求

1. 熟悉生物组织材料的石蜡切片技术和主要操作步骤。
2. 掌握切片机的调节方法和切片技术。

二、基本原理

采用光学显微镜研究一般生物体的内部结构，在自然状态下是无法观察清楚的，多数动、植物材料都必须经过某种处理，将组织分离成单个细胞或薄片，光线才能透过细胞。为了适应这个需要，就产生了光学显微镜制片技术。切片法是利用锐利的刀具将组织切成极薄的片层，材料须经过一系列特殊的处理，如固定、脱水、包埋、切片、染色等，过程十分繁复。在制作过程中，还要经过一系列的物理和化学处理，这些处理方法可根据各种不同材料的性质要求进行合理选择。切片法虽然工序烦琐、技术复杂，但是，它能保持细胞间的正常相互关系，能较好和较长时间地保留细胞的原貌，所以仍然是光学显微镜观察的主要制片方法。

石蜡包埋制片技术（石蜡切片技术）是组织切片制作最常用的一种技术，其基本步骤包括取材、固定、洗涤、脱水、透明、透蜡、包埋、切片、展片、贴片和烤片等，是组织学常规制片技术中最为广泛应用的方法，在病理学和法医学研究中用于观察、判断及诊断细胞组织的形态结构，也可在生物工程等学科领域的研究中观察细胞的正常生长状态。

三、实验器材

1. 材料：大豆或小麦，绿豆，洋葱，大蒜，鼠肝、肾或其他组织，蚕豆的根、茎、叶等。

2. 试剂：二甲苯、石蜡（经过融化加热纯化）、各级酒精（30%、50%、70%、80%、90%、95%、100%）、中性树胶等。

以下试剂需要提前配制：中性福尔马林（中性甲醛）固定液 [取甲醛（37%～40%，市售）100mL，磷酸氢二钠6.5g，磷酸二氢钾（钠）4g，用双蒸水900mL溶解混匀即得]；1%盐酸乙醇液（盐酸1份、70%酒精100份混合即得）；甘油蛋白贴片剂（将一个鸡蛋去蛋黄留下蛋白，用玻璃棒调打成雪花状泡沫，然后用粗纸或双层纱布过滤到量筒中，经数小时或一夜，即可滤出透明蛋白液。取蛋白液50mL，再加50mL甘油，稍稍振摇使两者混合，最后加入1g水杨酸钠作防腐剂，即得甘油蛋白贴片剂，可保存几个月）。

3. 其他：手术刀、载玻片、盖玻片、烤箱、水浴锅、镊子等。

四、操作步骤

以小鼠肝脏组织石蜡切片为例，实验步骤如下：

(1) 取材

颈椎脱臼法处死小鼠，打开腹腔，剪取肝组织或其他组织（一般厚度不超过 0.5cm）。

(2) 固定

将切好的肝组织用生理盐水清洗，立即投入中性福尔马林固定液中固定，浸泡 30～50min。

(3) 洗涤

材料固定后，流水冲洗 30min。

(4) 脱水

材料依次经 50%、70%、80%、90%各级酒精溶液脱水，各 30min；再放入 95%、100% 各级乙醇溶液各 2 次，每次 20min。

(5) 透明

依次放入 100%酒精与二甲苯等量混合液中 15min，二甲苯 I 中 15min，二甲苯 II 中 15min（至透明为止）。

(6) 透蜡

放入二甲苯和石蜡各半的混合液中，放入温箱 40min（温度保持在 55～60℃），再依次放入石蜡 I、石蜡 II 中透蜡各 30～40min。

(7) 包埋

用镊子夹取石蜡模子（金属质地），在酒精灯上稍微加热，放在桌面上，从温箱中取出盛放纯石蜡的蜡杯，倒入少许石蜡。再将镊子在酒精灯上稍加热，夹取材料时将切面朝下放入蜡模中，排列整齐。再放上包埋盒，轻轻倒入熔蜡。

(8) 切片

① 将已固定和修好的石蜡块装在切片机的夹物台上。

② 将切片刀固定在刀夹上，刀口向上。

③ 摇动推动螺旋，使石蜡块与刀口贴近，但不可超过刀口。

④ 调整石蜡块与刀口之间的角度与位置，刀口与石蜡切片约成 15°。

⑤ 调整厚度调节器到所需的切片厚度，一般为 4～10μm。

⑥ 一切调整好后即可开始切片。此时右手摇动转轮，将蜡块切成蜡带，左手持毛笔将蜡带提起，摇转速度不可过急，通常为 40～50r/min。

⑦ 当切成的蜡带长为 20～30cm 时，右手用另一支毛笔将蜡带挑起，以免卷曲，并牵引

成带，平放在蜡带盒上，靠刀面的一面朝下，较皱的一面朝上。

⑧ 切片工作结束后，将切片刀取下用氯仿擦去刀上沾着的石蜡，把切片机擦拭干净。

（9）展片、贴片

① 打开水浴锅，使水温维持在 40～45℃，另准备 30%酒精溶液。

② 切片时，将 30%酒精溶液放于切片机旁的桌面上。

③ 用镊子夹取预先用刀片割开的蜡带，放在乙醇溶液的表面上，将连在一起的切片分开，再用一个载玻片将已展开的切片捞至温水中，使之充分展开。

④ 另取洁净的载玻片，捞起展开的切片，使其位于载玻片 1/3 处，在另一端标记或贴上标签，放于载玻片架上。

（10）烤片

展好的切片在室温下稍微干燥后，放在 40℃恒温烤箱中，小片组织 30min 即可，大的需 12～24h，烤干备用。

注意事项

[1] 固定液最好现用现配，配好后贮存在阴凉处。有些混合固定液的成分之间会发生氧化还原作用，务必要在使用前才混合，太早混合，固定时会失去作用。固定液必须充足，一般是材料块的 20～30 倍，对于水分多的材料，中间应更换 1～2 次新固定液。

[2] 材料固定完毕后，保存于严密紧塞或加盖的容器里，同时在容器外贴上标签，标签上注明固定液、材料来源和日期等。

[3] 脱水过程必须在有盖的玻璃瓶中进行，防止过程中吸收空气中的水分。在更换高一级的脱水剂时，为防止损坏最好不要移动材料，可以用吸管吸出器皿中的脱水剂，再用吸水纸吸尽器皿内剩余液体，然后于皿中加入高一级脱水剂。在低浓度酒精中，每级停留时间不宜过长，否则会使组织变软，材料容易解体。在高浓度或纯酒精中，每级停留时间也不宜太长，否则会使组织变脆，影响切片。如果过夜，应停留在 70%酒精中。脱水必须彻底，否则不易透明，甚至使透明剂内出现白色混浊现象。

[4] 透明过程中，乙醇与石蜡不相溶，而二甲苯既能溶于乙醇又能溶于石蜡，所以脱水后还要经过二甲苯过渡。当二甲苯替换出组织中的酒精时，光线可以透过，组织呈现出不同程度的透明状态。使用透明剂时，要盖紧盖子，防止空气中的水分进入。更换透明剂时，动作要迅速，以防材料块干涸和避免吸收湿气。如果材料周围出现白色雾状，说明材料中的水未被脱净，应在纯酒精中重新脱水，再透明。

[5] 透蜡前，熔化的蜡在温箱中的温度必须严格控制在 60℃以下，温度要恒定，不可忽高忽低，操作要迅速，以免引起组织变脆、收缩等。

[6] 包埋后的蜡块应呈均质半透明状，如果出现白色混浊，一般出现在组织周围或组织的底部，应考虑这样几个方面的问题：a.脱水不彻底；b.包埋蜡温度过低，组织进行包埋

时，蜡已呈凝结状；c.组织内还残留较多的透明剂；d.石蜡不纯。

包埋时夹取组织的镊子，用酒精灯随时烧热，以免石蜡凝结后黏附在镊子上，造成蜡块凝固不均匀。包埋箱中的温度必须保持恒定。

[7] 切片过程中，刀刃倾斜过大或过小都不能正常进行切片。修整蜡块时要细心，看清楚组织在蜡块中的位置，以免将需要的组织修掉。连续转动切片机的转轮时，速度一定要均匀，不能时快时慢，以免切片厚薄不一。使用轮转式切片机切片时，是由下向上切。为得到完整的切片，防止组织出现刀纹裂缝，应将组织硬、脆、难切的部分放在上端，如皮肤应将表皮部分朝上，肠胃等组织应将浆膜面朝上。

[8] 烤片的温度不宜过高，烤片的时间要合适。脑组织要待稍微晾干一些后，才能烤片，否则容易产生气泡影响染色和观察。

五、实验结果

比较成功的石蜡切片贴片后的特征为：生物组织尽量位于切片的中间，组织不缺失、均匀、透明、无气泡且黏附牢固。

六、思考题

1. 考虑不同硬度的生物组织材料与切片机刀片调节角度的关系。

2. 生物组织材料在固定、脱水、透明、透蜡、包埋、切片等步骤中，每个步骤的关键点有哪些?

·· 实验四　苏木精-伊红染色法 ··

一、目的要求

1. 熟悉苏木精-伊红染色法的基本原理。
2. 掌握苏木精-伊红染色法的常规操作步骤。

二、基本原理

苏木精-伊红染色法（hematoxylin-eosin staining）简称 HE 染色法，是石蜡切片技术中经典染色法之一。易于被碱性或酸性染料着色的性质称为嗜碱性（basophilia）和嗜酸性（acidophilia），而对碱性染料和酸性染料亲和力都比较弱的性质称为中性(neutrophilia)。构成组织内蛋白质的氨基酸种类很多，有不同的等电点。在普通染色法中，染液的酸碱度在 pH 6 左右，细胞内的酸性物质如细胞核的染色质、腺细胞和神经细胞内的粗面内质网及透明软骨基质等均被碱性染料染色，称为嗜碱性。而细胞质中的其他蛋白质如红细胞中的血红蛋白、嗜酸粒细胞的颗粒及胶原纤维和肌纤维等被酸性染料染色，称为嗜酸性。如果改变染液的酸碱度，pH升高时，则原来被酸性染料染色的物质可变为嗜碱性；pH降低时，原来被碱性染料染色的物质则可变为嗜酸性。染液的pH可以影响染色的反应。

脱氧核糖核酸（DNA）两条链上的磷酸基向外，带负电荷，呈酸性，很容易与带正电荷的苏木精碱性染料以离子键结合而被染色。经苏木精染色后，细胞核及钙盐黏液等呈蓝色，可用盐酸酒精分化和弱碱性溶液显蓝，如处理适宜，可使细胞核着清楚的深蓝色，而细胞质等其他成分被脱色。伊红是一种酸性染料，在水中解离成带负电荷的阴离子，与蛋白质氨基带正电荷的阳离子结合使细胞质染色，细胞质、红细胞、肌肉、结缔组织、嗜伊红颗粒等均被染成不同程度的红色或粉红色，与蓝色的细胞核形成鲜明对比。HE染色法是组织学、胚胎学、病理学教学与科研中最基本、使用最广泛的生物材料染色方法。

三、实验器材

1. 材料：生物组织块。

2. 试剂：备用的石蜡切、酒精、二甲苯、石蜡、苏木精水溶液、酒精伊红染色液、生理盐水、蒸馏水、磷酸缓冲盐溶液（PBS）等。

以下试剂需要提前配制：HE染液的配制［将苏木精溶于10mL无水乙醇，在另一个烧杯中加入20g硫酸铝钾与200mL蒸馏水加热溶解，二者混合后煮沸，离火，加入0.5g氧化汞，用玻璃棒搅拌，试剂变为深紫色，立即移入冷水中快速冷却，静置12h后过滤，于棕色小磨口试剂瓶密封保存，即得Harris苏木精溶液。使用前加入5%冰醋酸4mL（或冰醋酸150μL）。再取少量蒸馏水加入0.5g伊红，用玻璃棒将伊红碾碎，加入75mL蒸馏水，完全溶解后，再加入95%乙醇25mL，最后加入冰醋酸1滴。用白色小磨口试剂瓶密封保存，即得伊红0.5%水溶性染液］；1%盐酸水溶液（取3mL盐酸加入297mL蒸馏水中，混匀后用白色试剂瓶保存）；中性树胶封片剂（向125mL棕色滴瓶中倒入若干中性树胶，加入适量二甲苯，用吸管调匀，有一定黏稠度即可）。

3. 其他：手术刀、载玻片、盖玻片、烤箱、水浴锅、滴管、镊子等。

四、操作步骤

取组织块，固定后用常规石蜡包埋，处理成4～7μm切片。染色步骤如下：

① 二甲苯（Ⅰ）	5min，用吸水纸吸干液体
② 二甲苯（Ⅱ）	10min，用吸水纸吸干液体
③ 95%乙醇（Ⅰ）	1～3min，用吸水纸吸干液体
④ 95%乙醇（Ⅱ）	1～3min，用吸水纸吸干液体

⑤ 80%乙醇	1min，用吸水纸吸干液体
⑥ 蒸馏水	1min，用吸水纸吸干液体
⑦ 苏木精染色	5~15min
⑧ 流水稍洗去苏木精	1~3s
⑨ 1%盐酸乙醇	1~3s
⑩ 蒸馏水稍微冲洗	10~30s
⑪ 促蓝液染色	10~30s
⑫ 流水缓慢冲洗	10~15min
⑬ 蒸馏水冲洗	1~2s
⑭ 0.5%伊红染色	1~3min
⑮ 蒸馏水稍微冲洗	1~2s
⑯ 80%乙醇稍微冲洗	1~2s
⑰ 95%乙醇（Ⅰ）	3~5min，用吸水纸吸干液体
⑱ 95%乙醇（Ⅱ）	3~5min，用吸水纸吸干液体
⑲ 无水乙醇	5~10min，用吸水纸吸干液体
⑳ 无水乙醇或石炭酸二甲苯	5~10min，用吸水纸吸干液体
㉑ 二甲苯（Ⅰ）	3~5min，用吸水纸吸干液体
㉒ 二甲苯（Ⅱ）	2~5min
㉓ 二甲苯（Ⅲ）	3~5min，用吸水纸吸干液体
㉔ 中性树胶封固	

注意事项

[1] Harris苏木精需要现用现配，水洗蓝化时间应充分，以防褪色。

[2] 切片脱水需要到完全透明状态。切片经HE染色后，要彻底脱水透明，才能用中性树胶封固。如果脱水不彻底，封片后呈白色雾状，镜下观察模糊不清，且容易褪色。切片需经过1~2次无水乙醇脱水，也可使用石炭酸二甲苯进行脱水。石炭酸有较强脱水能力，但长时间作用可使切片脱色，因此要经过多次二甲苯以使石炭酸完全除去。封片后，玻片要及时贴上标签并写上编号。

五、实验结果

1. 染色结果

细胞核被苏木精染成鲜明的蓝色，软骨基质、钙盐颗粒呈深蓝色，黏液呈灰蓝色。细胞质被伊红染成深浅不同的粉红色至桃红色，细胞质内嗜酸性颗粒呈反光强的鲜红色。胶原纤维呈淡粉红色，弹力纤维呈亮粉红色，红细胞呈橘红色，蛋白性液体呈粉红色。

2. 染色分析

着色情况与组织或细胞的种类有关，也随其生活周期及病理变化而改变。例如，细胞在新生时期细胞质对伊红着色较淡或轻度嗜碱，当其衰老或组织发生退行性变时，细胞质则呈现染色较深，比如胶原纤维在老化和出现透明变性时，伊红着色由浅变深。

六、思考题

1. 如何减少染色假阳性？
2. 试比较不同组织染色差异并做分析。

·· 实验五　DNA 的显示——Feulgen 反应 ··

一、目的要求

1. 了解细胞化学实验的基本原理，掌握常用的原位显示细胞内化学成分的一般方法。
2. 熟悉 Feulgen 反应显示细胞内 DNA 的分布。

二、基本原理

Feulgen 反应是显示 DNA 最典型的组织化学反应，为学者 Feulgen 和 Rossenbeck 于 1924 年发明，简称为 Feulgen 法。因对 DNA 的显示反应具有高度专一性，故常被用来显示细胞内 DNA 的分布情况。

标本经稀盐酸水解后，DNA 分子中的嘌呤碱基被解离，从而在核糖的一端出现了醛基，这种经酸水解产生的醛基具有还原作用，可以和 Schiff 试剂中的无色品红反应，形成含有醌基的化合物，因醌基为发色团，故可呈现出紫红色，从而显示出 DNA 的分布。其反应机制如下所示：

$$2HCl+Na_2S_2O_5 \longrightarrow 2NaCl+SO_2+H_2SO_3$$

Feulgen 反应现仍广泛用于 DNA 的定性、定位和定量的显微测定技术上。

三、实验器材

1. 材料：新鲜的根尖或洋葱表皮。
2. 试剂：Schiff 试剂 [将 0.5g 碱性品红 (basic fuchsin) 溶于 100mL 热蒸馏水中，使之充分溶解，待溶液冷却至 50℃时过滤，在冷却到 25℃时加入 1mol/L 盐酸 10mL 和 1g 亚硫酸氢钠或 1.5g 偏重亚硫酸钠 (Na_2S_2O_5)，放置暗处，静置 24h 后，加 0.25～0.5g 活性炭摇荡 1min，过滤，溶液呈无色，装入棕色瓶中塞紧瓶塞，保存在冰箱 (0～4℃) 内，用前预先取出，使之恢复至室温后再用。如溶液呈粉红色就不能用，须重配，一般配完 2 天之内使用]；亚硫酸钠水溶液 [将 200mL 普通自来水（不要用蒸馏水，以免引起误差）、10mL 10%偏重亚硫酸钠水溶液和 10mL 1mol/L HCl 在使用前混合，现用现配]；1mol/L HCl 溶液 [取 82.5mL 相对密度为 1.19 的盐酸，加蒸馏水 1000mL 即得，应将盐酸缓缓加入水中]；Carnoy 固定剂等。

3. 其他：手术刀、载玻片、盖玻片、烤箱、水浴锅、滴管、镊子等。

四、操作步骤

① 选择新鲜生长分生部位，切取多片根尖薄片或撕取洋葱表皮，切修为 1mm×2mm 左右。

② 放入 Carnoy 固定剂中，固定 15min，若温度较低，可适当用水浴加温到常温，可加快固定速度。

③ 捞出样品，放入 70%酒精中复水 5min，再放入 30%酒精中复水 5min。

④ 捞出样品，用水浸泡冲洗 2min。

⑤ 复水后的样品分为实验组和对照组两组。实验组样品放入预热到 60℃ 1mol/L HCl 溶液中水解 8～10min。

⑥ 捞出样品，用水浸泡冲洗 5min 后，放入 Schiff 试剂中反应 30～40min。

⑦ 捞出样品，用亚硫酸钠水溶液冲洗 3 次，每次 5min。

⑧ 捞出样品，用自来水漂洗 2min 后，取载玻片滴加少许水，选效果好的样品做成水压片，镜检观察。

对照组则不经过 HCl 水解，直接放入 Schiff 试剂中，后续步骤一致。

注意事项

[1] 对照切片的制作：进行 Feulgen 反应时，一般要做一对照切片以便验证反应结果。对照切片应不经盐酸水解直接放入 Schiff 试剂内，为负反应。但需要注意的是，对照切片在 Schiff 试剂中最多不要超过 1h（0.5h 即可），时间过长，试剂本身的酸性也会使 DNA 水解，从而出现假的正反应。

[2] 固定剂的选择：以前很多人认为，选用的固定剂不应含有醛基或氧化剂。后来发现含醛基或氧化剂的固定剂对反应的专一性并没有影响。实践证明，一切好的组织学固定剂均适用于 Feulgen 反应，如 Bhampy 固定剂、Helly 固定剂、Flemming 固定剂、OsO_4 固定剂、Carnoy 固定剂、Zenker 固定剂和 Bouin-Aller 固定剂。但在上述固定剂中，以 OsO_4 和 Carnoy 效果较好，OsO_4（1%或 0.5%）是 Feulgen 反应的理想固定剂，只是因价格较高，故一般多采用 Carnoy 固定剂。在 Feulgen 反应中，不能单独使用 Bouin 固定剂，因为它是 Feulgen 反应的最坏固定剂，但经 Aller 改进后的 Bouin-Aller 固定剂效果却较好。

[3] 水解时间：Feulgen 反应通常用稀盐酸进行水解，但水解的时间一定要适当。如水解时间不够，反应就会减弱；如水解时间过长，或水解过于剧烈，则脱氧核糖也易脱落，反应

也会减弱。适当的水解时间一般为8～12min，但是水解时间长短也要视标本的类型（如厚薄等）、固定剂的性质以及酸的浓度而定。

[4] Schiff试剂的作用：Feulgen反应成功与否一个非常关键的因素，就是Schiff试剂的质量。有一大类试剂均称为碱性品红，它们实际上是由几种产品分别组成的。因此，只能选用注明"DNA染色反应用"的碱性品红才行。此外，Schiff试剂的配制方法也可影响DNA的染色反应。

五、实验结果

细胞核中的DNA呈鲜亮的紫红色，它不但反映出DNA存在的部位及其分布情况，而且还可从颜色的深浅，来判断DNA的相对含量。细胞质DNA也会出现阳性反应。

六、思考题

1. 细胞内有DNA的部位呈现紫红色，细胞核、核仁和细胞质位置分别呈现的颜色有何差异？

2. 不经过盐酸水解的对照组呈现什么颜色？为什么？

拓展阅读

1978年诺贝尔生理学或医学奖：限制性内切酶

汉弥尔顿·史密斯	沃纳·阿伯	丹尼尔·那森斯
（Hamilton Othanel Smith）	（Werner Arber）	（Daniel Nathans）

1978年诺贝尔生理学或医学奖被授予汉弥尔顿·史密斯（Hamilton Othanel Smith）、沃纳·阿伯（Werner Arber）、丹尼尔·那森斯（Daniel Nathans）三位科学家，因他们发现限制酶并将其应用于分子遗传学问题。生物体的基因组以构成核苷酸分子长行积木的形式存储，形

成了 DNA 分子。在 20 世纪 60 年代后期,沃纳·阿伯(Werner Arber)发现了限制性内切酶,该酶可在出现一定核苷酸序列的位点切割 DNA 分子。限制性内切酶的发现为解释基因在染色体上的顺序、研究基因的化学组成以及将 DNA 组合成新的组合开辟了道路。1970 年,汉弥尔顿·史密斯(Hamilton Othanel Smith)使用从细菌中提取的纯化限制性内切酶,证明限制性内切酶可在对称核苷酸序列的中间切割 DNA 分子。丹尼尔·那森斯(Daniel Nathans)将这一发现应用于遗传学。在其他应用中,对 SV40 病毒的 DNA 使用了不同的限制酶,并研究了其成分,从而使他绘制出了该病毒的基因组图。

·· 实验六 细胞内DNA和RNA的区分显示 ··

一、目的要求

1. 熟练掌握显示细胞内 DNA 和 RNA 的方法——Brachet 反应。
2. 熟悉细胞内 DNA 和 RNA 的分布位置。

二、基本原理

核酸是呈酸性的,它对碱性派洛宁和甲基绿的亲和力不同。利用这两种染料的混合染液处理细胞后,细胞内的 DNA 和 RNA 会呈现不同的颜色,颜色差异是由 DNA 和 RNA 的聚合程度不同引起的。因为甲基绿分子表面有两个相对的正电荷,容易与双链 DNA 分子结合,可以将 DNA 分子染成蓝绿色;而派洛宁分子表面仅带一个正电荷,易与核仁、细胞质中的单链 RNA 分子结合显示红色。有人认为甲基绿-派洛宁的染色原理与 DNA 和 RNA 的聚合程度有关,这样经过染色后细胞中的 DNA 和 RNA 可被区别开来。

三、实验器材

1. 材料:洋葱、蟾蜍。
2. 试剂:0.2mol/L 醋酸盐缓冲溶液、1%派洛宁染液、2%甲基绿染液、甲基绿-派洛宁(Methyl green-Pyronin)混合染液等。
3. 其他:手术刀、载玻片、盖玻片、烤箱、水浴锅、滴管、镊子等。

四、操作步骤

(1) 试剂配制

① 0.2mol/L 醋酸盐缓冲溶液(pH 4.8):量取冰醋酸 6mL,加蒸馏水至 100mL;称取醋

酸钠 13.5g，加蒸馏水溶化至 100mL；用时分别取两液 40mL、60mL 混匀。

② 2%甲基绿染液：称取 2.0g 去杂质甲基绿溶于 0.2mol/L 醋酸盐缓冲溶液 100mL 中即成。

③ 1%派洛宁染液：称取 1g 派洛宁溶于 100mL 0.2mol/L 醋酸盐缓冲溶液中混匀。

④ 甲基绿-派洛宁混合染液：将 2%甲基绿染液和 1%派洛宁染液以 5:2 的比例混合均匀即可。该混合液应现用现配，不宜久置。

（2）血涂片 DNA 和 RNA 的显示

① 制备蟾蜍血涂片：将蟾蜍用乙醚麻醉处死后，打开胸腔，剪开心包，小心取心脏血一小滴于载玻片的一端，待血液沿着边缘展开后，以 30°～40° 向玻片的另一端推去，制成较薄的血涂片，于室温下晾干。

② 固定：将晾干的血涂片浸入 95%乙醇中 5～10min，取出后在室温下晾干。

③ 染色：将血涂片平放在染色架上，在血涂片上加数滴甲基绿-派洛宁混合染液，染色 5～15min。

④ 冲洗：用蒸馏水冲洗血涂片，并用吸水纸吸去血涂片上多余的水分，但不要吸得过干。

⑤ 分化：将血涂片放在纯丙酮中迅速地过一下，进行分化，取出晾干。

⑥ 观察：光镜下可见细胞质呈红色，细胞核呈绿色。

（3）洋葱表皮细胞 DNA 和 RNA 的显示

① 用小镊子撕取一小块洋葱鳞茎表皮置于载玻片上。

② 用吸管吸取甲基绿-派洛宁混合染液，滴一滴在表皮上，染色 30～40min。

③ 吸一滴蒸馏水冲洗表皮，并立即用吸水纸吸干。盖上盖玻片后置显微镜下观察，可见细胞核除核仁外均被染成蓝绿色，表明其含有 DNA；而细胞质因含有较多 RNA 故被染成红色。

注意事项

[1] 甲基绿粉中往往混有影响染色效果的甲基紫，必须预先把甲基紫除去。首先将甲基绿溶于蒸馏水，放在分液漏斗中，加入足量的氯仿后用力振荡，然后静置，弃去含甲基紫的氯仿，再加入氯仿重复数次，直至氯仿中无甲基紫为止，最后放入 40℃温箱中干燥后备用。

[2] 配制甲基绿-派洛宁混合染液时，注意混合比例，并且该混合染液尽量现用现配。

[3] 洋葱表皮选取时应尽量避免紫红色表皮，以免受细胞色素的影响。

五、实验结果

观察细胞染色情况，甲基绿和染色质中 DNA 选择性结合显示绿色或蓝色；派洛宁与核仁、细胞质中的 RNA 选择性结合显示红色。

1. 简述 DNA 和 RNA 的染色原理。

2. 细胞核中核仁理论上应被染成何种颜色？为什么？

拓展阅读

1989年诺贝尔生理学或医学奖：逆转录病毒癌基因及其细胞起源

迈克尔·毕晓普（J. Michael Bishop）　　　　哈罗德·瓦穆斯（Harold E. Varmus）

　　1989 年诺贝尔生理学或医学奖被授予迈克尔·毕晓普（J. Michael Bishop）和哈罗德·瓦穆斯（Harold E. Varmus）两位科学家，因为他们发现了逆转录病毒致癌基因的细胞起源。活细胞的生长、分裂和死亡受其基因调控。如果这些功能失衡，则会形成肿瘤。其原因之一可能是病毒基因掺入宿主细胞的基因中。在 20 世纪 70 年代中期，迈克尔·毕晓普和哈罗德·瓦穆斯发现了可能导致癌症的病毒基因。但是，他们还发现这些所谓的"致癌基因"最初不是来自病毒，而是来自正常细胞，并且已经被整合到病毒中。因此，癌症可以通过生物体自身基因的激活而发生，例如通过突变。

·· 实验七　细胞内碱性蛋白质和酸性蛋白质的显示 ··

一、目的要求

1. 了解细胞内碱性蛋白质和酸性蛋白质的分布位置。

2. 掌握显示细胞内酸性蛋白质和碱性蛋白质的实验方法。

二、基本原理

由于不同的蛋白质分子所带的碱性和酸性基团数目不同，在 pH 不同的溶液中，蛋白质分子所带的净电荷量也不同。如在生理条件下，整个蛋白质所带负电荷多，则为酸性蛋白质；带正电荷多，则为碱性蛋白质。据此，可将标本经三氯乙酸处理抽提出核酸后，用不同 pH 的固绿染液分别染色，使细胞内的酸性蛋白质和碱性蛋白质分别显示出来。

三、实验器材

1. 材料：蟾蜍。
2. 试剂：5%三氯乙酸、0.1%碱性固绿溶液（pH 8.0～8.5）、0.1%酸性固绿溶液（pH 2.0～2.5）、70%乙醇等。
3. 其他：解剖器材、蜡盘、染色缸、载玻片、盖玻片、吸管、吸水滤纸等。

四、操作步骤

① 以破坏脊髓法处死蟾蜍，将其腹面向上放入蜡盘中，剪开胸腔，打开心包。小心将心脏剪一小口，取心脏血一滴滴在干净载玻片一端，推片，按此法制备两张血涂片，室温晾干。

② 将血涂片做好标记放在 70%乙醇中固定 5min，室温晾干。

③ 放入 5%三氯乙酸中保持 60℃、30min，抽提出核酸。

④ 用清水冲洗多次（3min 以上），以冲去残留的三氯乙酸。

⑤ 用吸水滤纸吸干载玻片上的水分。

⑥ 一张血涂片放入 0.1%碱性固绿溶液（pH 8.0～8.5）中染色 10～15min，另一张血涂片放入 0.1%酸性固绿溶液（pH 2.0～2.5）中染色 5～10min。

⑦ 清水冲洗，盖上盖玻片镜检。

注意事项

[1] 在制作血涂片的过程中要用力均匀，血涂片厚薄适中，注意拿片的姿势、推玻片角度和速度要适中。

[2] 取血滴不宜太大，以免血涂片过厚影响观察，血涂片一般后半部观察效果比较好。

五、实验结果

经碱性固绿染色的血涂片中，胞质、核仁不着色，细胞核大部分被染成绿色，为碱性蛋白质存在处。经酸性固绿染色的血涂片中，因胞质和核仁中有酸性蛋白质，被染成绿色，为酸性蛋白质存在处。

六、思考题

为什么碱性蛋白质大多分布在细胞核处？

拓展阅读

1994年诺贝尔生理学或医学奖：G蛋白及其在细胞转导中的作用

阿尔弗雷德·吉尔曼（Alfred G. Gilman）　　　　马丁·罗德贝尔（Martin Rodbell）

1994年诺贝尔生理学或医学奖被授予阿尔弗雷德·吉尔曼（Alfred G. Gilman）和马丁·罗德贝尔（Martin Rodbell）两位科学家，因为他们发现了G蛋白以及这些蛋白质在细胞信号转导中的作用。为了使有机体发挥功能，信号会通过电流和特殊分子在体内各个器官和细胞内以及之间传递信号。阿尔弗雷德·吉尔曼和马丁·罗德贝尔展示了信号如何通过细胞壁传递。1970年左右，马丁·罗德贝尔证明了信号的传输分为三个步骤——接收、传输和增强，三磷酸鸟苷是传输的驱动力。1980年，阿尔弗雷德·吉尔曼发现与转移有关的分子是一种与GTP-G蛋白发生反应的蛋白质。

·· 实验八　细胞内过氧化物酶的显示 ··

一、目的要求

1. 通过实验，学习显示细胞内过氧化物酶的化学方法。
2. 了解过氧化物酶在细胞中的分布及形态。

二、基本原理

过氧化物酶是一种氧化还原酶，分布在乳汁、白细胞、血小板等体液或细胞中，该酶的辅基为血红蛋白，是以 H_2O_2 为电子受体催化底物氧化的酶，它可催化 H_2O_2 直接氧化酚类或胺类化合物，如谷胱甘肽过氧化物酶、嗜酸性粒细胞过氧化物酶和甲状腺过氧化物酶等，具有消除过氧化氢、酚类和胺类毒性的双重作用。细胞中含有过氧化物酶，能把许多胺类氧化为有色化合物，用联苯胺处理标本，细胞内的过氧化物酶能把联苯胺氧化为蓝色化合物，进而变为棕色产物，因而可以根据颜色反应来判定过氧化物酶的有无或强弱。

三、实验器材

1. 材料：小白鼠。
2. 试剂：联苯胺混合液［联苯胺 0.2g、95%乙醇 100mL、3%过氧化氢 2 滴混合即得，现用现配］；0.5%硫酸铜溶液（取硫酸铜 0.5g，加蒸馏水至 100mL 即得）；1%番红（取番红 1.0g，加蒸馏水至 100mL 即得）。
3. 其他：染色缸、载玻片、盖片、吸管、吸水滤纸、注射器、中性树胶等。

四、操作步骤

① 取小白鼠一只，以颈椎脱臼法将其处死，迅速剖开其后肢暴露出股骨，将股骨一端斜向剪断，用 PBS 缓冲液润湿过的注射器针头吸出骨髓一滴滴到载玻片上。
② 推片，室温晾干。
③ 将涂片放入 0.5%硫酸铜中浸 30s～1min。
④ 取出涂片直接放入联苯胺混合液中反应 6min。
⑤ 清水冲洗，放入 1%番红溶液中对比染色 2min。
⑥ 清水冲洗，室温晾干。
⑦ 镜检或封片后镜检。

注意事项

联苯胺混合液在空气中极易被氧化，因此该溶液应现用现配，并且在操作过程中应该减少其与空气接触。

五、实验结果

涂片中可见一些细胞中存在着蓝色或棕色颗粒，即为过氧化物酶所在位置。

六、思考题

影响细胞中过氧化物酶显示效果的因素有哪些？

实验九　过碘酸希夫反应（PAS）——显示细胞内糖原

一、目的要求

1. 通过 PAS 反应，掌握糖原显示的基本原理。
2. 了解糖原在细胞中的分布。

二、基本原理

过碘酸希夫反应（PAS）是显示糖原最经典、最直接的细胞化学方法，其化学基础是利用过碘酸的氧化作用，破坏多糖中葡萄糖的乙二醇基，形成两个游离的醛基，生成的醛基与 Schiff 试剂中的无色品红反应形成紫红色化合物，附着在含糖的组织上，颜色深浅与多糖含量成正比。由于过碘酸不再进一步氧化所产生的醛基，故可以通过醛基与 Schiff 试剂反应生成紫红色化合物而得到定位。

三、实验器材

1. 材料：动物的肝、肾、心肌、骨骼肌或其他组织。
2. 试剂：1%过碘酸；Schiff 试剂 [称取 1.0g 碱性品红，溶于 80℃的 200mL 蒸馏水中，振荡 5min 使其溶解后冷却至 50℃，过滤后，向滤液中加入 1mol/L HCl 20mL，冷却至 25℃；加入 1.0g 偏重亚硫酸钠，于室温下暗处静置 24h，再加入 2.0g 活性炭，振荡后过滤，置于棕色瓶密封后在 4℃温度下保存]；0.5%偏重亚硫酸钠溶液；乙酸酐-吡啶混合液 [取乙酸酐 16mL 与无水吡啶 24mL 混合即得]；1%淀粉糖化酶溶液 [取淀粉糖化酶 1.0g 加入 100mL 0.005mol/L 磷酸缓冲液中即得]；苏木精染液 [将苏木精溶于 10mL 无水乙醇，在另一个烧杯中加入 20g 硫酸铝钾与 200mL 蒸馏水加热溶解，二者混合后煮沸，离火，加入 0.5g 氧化汞，用玻璃棒搅拌，试剂变为深紫色，立即移入冷水中快速冷却，静置 12 h 后过滤，于棕色小磨口试剂瓶密封保存。使用前加入 5%冰醋酸 4mL（或冰醋酸 150μL）]；Carnoy 固定剂等。
3. 其他：染色缸、载玻片、盖片、吸管、吸水滤纸、注射器、显微镜等。

四、操作步骤

① 取 1～2mm 厚的肝组织块，用 Carnoy 固定剂于 4℃固定 4～6h。

② 乙醇脱水，二甲苯透明，石蜡包埋，切片。

③ 用 70%乙醇展片。

④ 脱蜡：二甲苯（1）5min→二甲苯（2）5min→100%乙醇 5min→含 1%火棉胶的乙醇液 1min→70%乙醇 1min。

⑤ 直接浸入过碘酸乙醇液反应 5～15min，经 70%乙醇冲洗片刻。

⑥ 浸入 Schiff 乙醇液反应 15min。

⑦ 用亚硫酸水洗三次，以洗去多余非特异性结合的色素以及扩散的染料。

⑧ 流水冲洗 3～5min。

⑨ 蒸馏水冲洗 2min。

⑩ 浸入苏木精染液对比染色 20～30s，使细胞核着色。

⑪ 脱水：95%乙醇 3min（2 次）→100%乙醇 3min（2 次）→二甲苯透明 10min（2 次）。

⑫ 加盖玻片镜检或用树胶封固后镜检。

注意事项

[1] 切片在过碘酸水溶液中处理时间不宜过长。

[2] 组织与细胞的多糖、糖胺聚糖及黏蛋白等都可用 PAS 法来显示，其化学基础是利用过碘酸的氧化作用，打开碳链形成醛基，生成的醛基与 Schiff 试剂中的无色品红反应形成紫红色化合物，因此该方法在一定程度上可相对显示细胞内糖原的分布。

五、实验结果

细胞中呈紫红色的颗粒即为糖原，含糖量不同呈现不同程度的紫红色。

六、思考题

怎样确定实验中显示的是糖原而不是其他多糖？

拓展阅读

1997 年诺贝尔化学奖：合成三磷酸腺苷的酶促机理

保罗·博耶（Paul D. Boyer）　　约翰·沃克（John E. Walker）　　延斯·斯库（Jens C. Skou）

1997 年诺贝尔化学奖被授予保罗·博耶（Paul D. Boyer）、约翰·沃克（John E.

·· 实验十　苏丹Ⅲ染色——显示细胞内脂肪 ··

一、目的要求

1. 掌握显示细胞内脂肪的实验方法。
2. 了解细胞各种脂肪的分布。

二、基本原理

由脂肪酸和醇作用生成的酯及其衍生物统称为脂类，这是一类一般不溶于水而溶于脂溶性溶剂的有机大分子物质，大体上可以分为类脂和油脂两大类。类脂包括磷脂、糖脂和胆固醇；油脂可分为常温下液态的油和常温下固态的脂肪两类。这几种脂类的化学结构有很大差异，生理功能各不相同。它们的共同物理性质是不溶于水而溶于有机溶剂，在水中可相互聚集形成内部疏水的聚集体。

因此，在固定细胞时，通常使用脂溶性固定剂；脂类染色的原理是基于染料可溶于脂类而显色。当鉴定的材料是脂肪时，脂溶性固定剂会溶解脂肪，致使把切片放到显微镜下观察时，观察不到被染色的脂肪，只能看到脂肪细胞中有很大的空洞。最好的固定材料是甲醛类固定剂，如医学上保存尸体用的是福尔马林，即40%甲醛水溶液。本实验采用甲醛钙溶液作为细胞固定剂。

光学显微镜的切片多是石蜡切片。锇酸固定的脂肪不溶于无水乙醇、二甲苯等有机溶剂，可以采用石蜡切片。做切片有多种方法，如冰冻切片、明胶包埋冰冻切片。本实验采用的是最简单的铺片法。

三、实验器材

1. 材料：小鼠。

2. 试剂：10%中性福尔马林（pH 7.2；取 0.2mol/L Na_2HPO_4 溶液 72mL；0.2mol/L NaH_2PO_4 28mL 溶液、福尔马林 20mL 混合，加蒸馏水至 200mL 即得）；苏丹Ⅲ染液（取苏丹Ⅲ 0.2g，加 70%乙醇 100mL 溶解即得）；70%乙醇、苏木素染液。

3. 其他：解剖盘、镊子、载玻片、盖玻片、水浴锅等。

四、操作步骤

① 用颈椎脱臼法处死小鼠，置于解剖盘中。剪开腹腔，用镊子提起小肠，使盖玻片紧贴于肠系膜。用剪子将盖玻片和其上黏附的肠系膜剪下，反扣于已滴加甲醛钙溶液的载玻片上。

② 稍干后，用 10%福尔马林固定 30min。

③ 用蒸馏水洗 5min，放入苏丹Ⅲ染液中 56℃水浴染色 30min（盖好容器，防止乙醇挥发）。

④ 用 70%乙醇水溶液代替蒸馏水重复上一步骤，进行冲洗。

⑤ 蒸馏水洗 1min。

⑥ 苏木精染液对比染色 2～5min。

⑦ 自来水冲洗，用吸水纸吸去多余染液，处理干净盖玻片周边，明胶封固，镜检。

注意事项

[1] 水浴时注意容器必须盖好，以免乙醇挥发，染料沉淀。

[2] 解剖小鼠时肠系膜容易破损，尽量选取较薄、有明显血管的肠系膜组织部位。染色时应不断滴加染液保持染色连续，染色效果较好。

[3] 如果肠系膜取材过厚，在观察时容易看到多层细胞堆积在一起，不利于观察到单层细胞。

五、实验结果

脂肪细胞被苏丹Ⅲ染液染成橘红色或者橘黄色，细胞周围有溢出的脂肪粒，呈现椭圆形或者圆形；细胞核呈蓝色。

六、思考题

影响脂肪染色的关键因素有什么？

第二节
细胞生物学综合研究型实验

·· 实验一　小鼠骨髓染色体标本的制备与观察 ··

一、目的要求

1. 了解常用实验动物的染色体数目与特点。
2. 初步掌握动物骨髓染色体标本制备基本过程及操作步骤。

二、基本原理

骨髓细胞具有丰富的细胞质和高度分裂能力，所以能够直接观察到处于分裂过程的细胞，是研究动物细胞遗传学的优秀材料。使用秋水仙素对小鼠骨髓进行处理后，分裂中的骨髓细胞被阻断在有丝分裂的中期，只需要再经过低渗处理、固定、滴片、染色等步骤，就能够制作出较为理想的骨髓染色体标本。

这一制作过程主要有以下几个要点：①使用秋水仙素处理骨髓细胞，能够破坏纺锤丝的形成，使细胞停滞在分裂中期，此时中期染色体停留在赤道面上；②使用低渗法使细胞膨胀，再经过固定剂的固定，可以使染色体的结构在最大限度上保持不变，在滴片时细胞破裂，就会使细胞的染色体铺展在载玻片上；③空气干燥法可以使细胞的染色体在载玻片上铺平，染色后即可清晰观察到染色体的形态。

三、实验器材

1. 材料：小白鼠。
2. 试剂：2%柠檬酸钠溶液、1%柠檬酸钠溶液、500μg/mL、100mg/mL 秋水仙素溶液、0.67mol/L 磷酸盐缓冲液（pH 6.8）、1∶10 Giemsa-磷酸缓冲液-染液（pH 6.8）、甲醇（分析纯）、冰醋酸、0.4% KCl 溶液等。
3. 其他：水平离心机、显微镜、刻度离心管（10mL）、注射器（1mL）、载玻片、烧杯（400mL）、量筒（100mL）、试管架、镊子、剪刀、解剖刀、吸管等。

四、操作步骤

① 小白鼠按每克体重 4μg 的剂量经腹腔注射秋水仙素，3～4h 后经颈椎脱臼法处死。
② 取出后肢的胫骨和股骨，剪去两端。

③ 将 0.6～1mL 2%柠檬酸钠用 1mL 注射器注射骨髓腔，将骨髓细胞先冲入培养皿内，取下注射器针头，反复吸打骨髓细胞，使细胞团块分散，转入 10mL 离心管。

④ 视骨髓量的多少加入 0.4% KCl 溶液 8～10mL，随即将离心管置于（37±0.5）℃水浴中低渗 10min。

⑤ 以 1000r/min 离心 8min。

⑥ 弃上清液，沿离心管壁缓慢加入新配制的甲醇∶冰醋酸（3∶1）固定剂 5mL，加固定剂时注意不要冲到细胞团块。

⑦ 加完固定剂后，立即用吸管将细胞轻轻吸打均匀，静置固定 15min。如此反复固定 2～3 次，每次 15min。

⑧ 固定的细胞经离心后，吸去上层固定剂，视管底的细胞多少加入少量新配制的固定剂，将细胞团块轻轻打成悬液。

⑨ 在干净的载玻片上滴 2～3 滴上层细胞悬液，在酒精灯上用文火烘干（在空气干燥的地方可不用）。

⑩ 将玻片标本平放于支架上，细胞面朝上，每片滴加 1∶10 Giemsa-磷酸盐缓冲液染液 3～4mL，染色 10min。

⑪ 在自来水细流中冲洗数秒，去掉 Giemsa-磷酸盐缓冲液染液，用小块纱布擦干玻片标本底面和四周，用显微镜观察和分析。

注意事项

[1] 固定剂应现用现配，打散细胞团块时要保证固定彻底，否则细胞容易破碎，染色体分散亦会受到影响。

[2] 低渗处理是实验成败的关键，低渗液的用量、处理时间要严格控制。

五、实验结果

在显微镜下可观察到染色体被 Giemsa-磷酸盐缓冲液染液染为紫红色。

六、思考题

1. 你制备的小鼠染色体标本，分裂相是否多？染色体分散程度如何？有什么不足处，原因何在？

2. 如果在实验前不给小白鼠腹腔注射秋水仙素，所制备的染色体制片会出现怎样的情况？

"共和国勋章"获得者：屠呦呦

屠呦呦

屠呦呦，1930 年生，浙江人，2015 年诺贝尔生理学或医学奖获得者，中国中医科学院终身研究员、首席研究员，中国中医科学院青蒿素研究中心主任。

屠呦呦受中医古籍启发，改变青蒿传统提取工艺，采用低温提取的方式，率先提取出青蒿抗疟有效部位"醚中干"，带领团队验证了青蒿治疗疟疾的临床有效性，并按国家药品新规，将青蒿素开发为我国实施新药审批办法以来的第一个新药。20 世纪 90 年代起，世界卫生组织便推荐以青蒿素类为主的复合疗法（ACT）作为治疗疟疾的首选方案。

60 多年来，屠呦呦始终致力于中医药研究实践，带领团队攻坚克难，解决了抗疟剂失效这一世界性难题，为中医药科技创新和人类健康事业作出了杰出贡献。

屠呦呦荣获国家最高科学技术奖、诺贝尔生理学或医学奖、美国拉斯克医学奖以及"全国优秀共产党员""全国先进工作者""改革先锋"等荣誉称号。2019 年 9 月，屠呦呦被授予"共和国勋章"。

科学精神：探索、求真、执着、实践。

·• 实验二 动植物细胞骨架的玻片制备方法和观察 ·•

一、目的要求

1. 了解细胞骨架的形态。

2. 掌握用考马斯亮蓝 R250 染色观察动物和植物细胞骨架的原理和方法。

二、基本原理

细胞骨架指真核细胞中的蛋白纤维网架体系，广义的细胞骨架包括细胞核骨架、细胞质骨架、细胞膜骨架和细胞外基质。狭义的细胞骨架是指细胞质骨架，包括微管（microtubule，MT）、微丝（microfilament，MF）、中间纤维（intermediated filament，IF）。它们对细胞形态的维持，细胞的生长、运动、分裂、分化和物质运输等起重要作用。光学显微镜下细胞骨架的形态学观察多用 1% Triton X-100 处理细胞，它可使细胞膜溶解，而细胞骨架系统的蛋白质被保存，再用考马斯亮蓝 R250 染色，使得胞质中细胞骨架得以清晰显现。

显示细胞骨架的常用方法有考马斯亮蓝染色法、免疫荧光染色法、鬼笔环肽标记法。考马斯亮蓝染色法原理及特点在于：用去垢剂 Triton X-100 处理细胞适宜时间，可以溶解细胞膜，且与大部分非骨架蛋白疏水区结合并将其溶解，剩下的纤维状细胞骨架蛋白因比较稳定而不被溶解，然后用考马斯亮蓝染色即可显示细胞骨架的结构。但此方法属于非特异性蛋白质染色，不能区分微管、微丝、中间纤维。

三、实验器材

1. 材料：洋葱鳞茎或培养的成纤维细胞、口腔上皮细胞。

2. 试剂：磷酸缓冲液（pH 7.2）、2% Triton X-100 溶液、3%戊二醛溶液、M 缓冲液、0.2%考马斯亮蓝 R250 染液（取甲醇 46.5mL、冰醋酸 7mL，加入蒸馏水 46.5mL，混合即得）。

3. 其他：恒温水浴箱、小培养皿、光学显微镜、镊子、剪刀、试管、滴管、载玻片、盖玻片、灭菌牙签、1.5mL 离心管、1mL 吸头、1mL 取液器、酒精灯、染色缸等。

四、操作步骤

（1）洋葱内皮细胞细胞骨架的显示方法

① 取洋葱内皮 1cm 左右，置于含 PBS 的载玻片上，润湿 1~2min 后，吸去多余 PBS。

② 加 2 滴 1% Triton X-100/M-缓冲液，5min 后，吸去缓冲液。

③ 加 3%戊二醛-PB 溶液，固定 30min。

④ 加 PBS 洗 2 次，共 3min。

⑤ 加 0.2%考马斯亮蓝 R250 染色 30min。

⑥ 用 PBS 洗 2 次，共 2min，吸干多余溶液，制作成临时玻片镜检并绘图。

（2）口腔上皮细胞细胞骨架的显示方法

① 用干净牙签刮取人口腔上皮细胞，置于 1.5mL 离心管中，加 1mL 生理盐水。

② 混匀后 3000r/min 离心 10min，剩 0.5mL 上清液。

③ 用吸管吸取吹打均匀后，涂片、晾干。

④ 用 M-缓冲液洗 3 次。

⑤ 加入 1% Triton X-100 溶液，置于 37℃恒温箱或水浴锅，处理 30min，用 M-缓冲液洗 3 次。

⑥ 用 3%戊二醛固定 15min，用磷酸盐缓冲液洗 3 次，再用滤纸吸干多余溶液。

⑦ 用 0.2%考马斯亮蓝 R250 染色 5min 后，清水冲洗 1min，制作成临时玻片镜检并绘图。

注意事项

[1] 防止洋葱鳞茎内表皮卷曲、折叠，若卷曲、折叠可以在洗涤过程中慢慢展开，若没展开，在制片时用镊子小心地将内表皮展开。

[2] 1% Triton X-100 处理细胞的时间应足够，处理完洗涤应充分，否则胞内会残留膜泡状结构及其他杂蛋白，干扰细胞骨架染色及观察，尽量保证各组各步处理的时间和方法一致。

[3] Triton X-100 处理后各步操作应轻柔，避免容器剧烈振荡及吸管吹打过猛引起骨架蛋白束断裂。

五、实验结果

实验样品的细胞骨架分布细密均匀，视野中只剩下细胞骨架的蛋白质，被考马斯亮蓝染成蓝色。

六、思考题

1. 比较使用与不使用 1% Triton X-100 处理的实验结果。
2. 细胞内和胞外着色有何区别？为什么？

·• 实验三　动物细胞的传代培养 •·

一、目的要求

1. 掌握无菌操作技术进行动物细胞培养。
2. 熟悉动物细胞传代培养的基本方法和操作步骤。

二、基本原理

细胞培养（cell culture）是指在体外模拟体内环境（无菌、适宜温度、酸碱度和一定营养条件等），使之生存、生长、繁殖并维持主要结构和功能的一种方法。细胞培养也叫细胞克隆技术或细胞培养技术。细胞培养技术可以由一个细胞经过大量培养成为简单的单细胞或极少分化的多细胞，这是克隆技术必不可少的环节，而且细胞培养本身就是细胞克隆。

细胞的体外培养是细胞生物学研究方法中的重要和常用技术，在医学研究领域也有极为广泛的用途。通过细胞培养，既可以获得大量细胞，又可以借此研究细胞的信号转导、细胞的合成代谢、细胞的生长增殖等细胞生命活动，使人们较为方便地研究各种物理、化学和生物因素对细胞结构和功能的影响。

细胞培养可分为原代培养和传代培养。原代培养（primary culture）是指直接从机体取出组织或细胞后所进行的首次培养。而传代培养（subculture）是指当原代培养的细胞增殖到一定密度后，将其从原培养容器中取出，以一定比例转移到另一个或几个容器中所进行的再次扩增培养。在体外培养过程中，要使细胞能正常地生长、繁殖，需经常对其进行传代，传代的累积次数就是细胞的代数。

细胞培养是一种程序复杂、条件较多且要求严格的实验性工作。由于细胞在体外的生长、繁殖会受到温度、营养物质、酸碱度、渗透压及微生物等多种因素的显著影响，故细胞培养工作的各个环节如培养器皿清洗消毒、营养液配制和除菌、pH调整、温度调节等操作都有严格的要求和规定，特别要注意无菌操作，这是细胞体外培养成败的关键。

三、实验器材

1. 材料：预培养的人肝癌细胞株HepG2。

2. 试剂：细胞培养液（DMEM培养基，添加10%胎牛血清；将DMEM培养基粉剂(质量依实验所需培养基的总量而定)倒入烧杯中，按说明书要求加入三蒸水、$NaHCO_3$、谷氨酰胺，利用磁力搅拌器使加入的固体物完全溶解，然后加入适量浓度为20000单位/mL的青霉素和链霉素，使培养基中这两种抗菌素的浓度分别达到100单位/L。再按比例加入胎牛血清，使其在培养基中的含量达到10%，将溶液充分混匀，用5% $NaHCO_3$和1mol/L HCl调培养基的pH至7.0～7.2，最后采用孔径为0.22μm的针头式滤器过滤除菌，即得DMEM培养基）；PBS缓冲液（不含钙镁，pH 7.2；分别称取NaCl 8.00g、KCl 0.20g、Na_2HPO_4 1.15g、KH_2PO_4 0.20g，加三蒸水溶解并定容至1000mL，经常规高压灭菌除菌，即得PBS缓冲液）；D-Hanks工作液［分别称取NaCl 80.0g、$Na_2HPO_4 \cdot 2H_2O$ 0.6g、KCl 4.0g、KH_2PO_4 0.6g、$NaHCO_3$ 3.5g，加三蒸水溶解并定容至1000mL。配制时要注意按顺序逐一加入溶解，应等前一种药品完全溶解后再加下一种药品，原液配好后应分装于250mL或500mL玻璃瓶中，高压灭菌，置冰箱内贮存，即得D-Hanks原液；取D-Hanks原液100mL，加三蒸水896mL，再加0.5%酚红溶液4mL混合均匀即得D-Hanks工作液］；胰蛋白酶工作液［0.25%，pH 7.2~7.6；称取活性为1：250的胰蛋白酶0.25g，另准备D-Hanks工作液100mL。先用少量D-Hanks工作液将胰蛋白酶粉调成糊状，再将剩余的D-Hanks工作液全部加入，充分搅拌使酶充分溶解，必要时可将容器置于36℃恒温水浴箱中，直至酶液清亮，再用$NaHCO_3$调pH至7.2～7.6。然后用玻璃滤器除菌，分装于灭菌后的无菌离心管中，密封后置冰箱冷冻室（-18℃）中贮存，即得］。

3. 其他：细胞培养箱、超净工作台、倒置相差显微镜、恒温水浴箱或金属浴、高压蒸汽灭菌锅、T25 细胞培养瓶、细胞培养皿、多种容量移液管、除菌滤器、多种规格移液器等常。

四、操作步骤

1. 细胞培养的无菌操作准备

（1）进入细胞培养实验室的要求

为避免细菌、真菌等微生物污染，细胞培养操作要求尽可能接近无菌条件，进入细胞间缓冲室之前需洗手消毒，需注意更换隔离衣、帽、鞋套、手套、口罩、护目镜等防护品，有条件的可进行风淋。在操作超净工作台之前，应当使用 75%医用酒精进一步喷洒或者用酒精棉球擦拭手套消毒，避免裸手操作。

（2）培养用品的清洗消毒

实验中所需的玻璃器皿（如培养瓶、离心管、吸管、小瓶等）和器械（如剪刀、镊子等）应彻底清洗干净，干燥后用牛皮纸包好置于高压蒸汽灭菌锅中消毒灭菌（蒸汽压力为 103kPa，20min）。而细胞培养液、PBS 缓冲液、胰蛋白酶工作液等应利用抽滤法除菌。

（3）超净工作台的消毒

超净工作台在使用前可用 75%酒精纱布将其内部擦拭一遍进行初步消毒，然后打开工作台内的紫外线灯照射消毒 20～30min。照射杀菌完毕后关闭紫外线灯并同时打开风机，由于进入工作台内的空气是经过工作台上的除菌滤板过滤的，故工作台内是一个相对无菌的环境。

（4）操作过程中的消毒

在超净工作台中开始操作时，应先点燃酒精灯，此后的一切操作，如打开或加盖瓶塞、安装吸管皮头、使用吸管、使用各种金属器械等，均要经酒精灯的火焰灼烧或在火焰旁边进行操作。培养操作时，动作要准确敏捷，不能用手触及器皿的消毒部分，如不慎触及，要用火焰消毒或更换。开盖的培养液或培养瓶应尽量保持斜位放置或平放，以避免瓶口长时间直立而增加细菌污染的机会。吸取不同液体时应分别使用不同的吸管，不要混用以防扩大污染。

2. 细胞的传代培养

（1）设备与材料准备

① 将所需培养用具清洗消毒后放入超净工作台中并摆好，紫外线消毒 30min。细胞培养箱调整空气湿度饱和，CO_2 含量为 5%。

② 取预先培养的人肝癌细胞株 HepG2，经倒置相差显微镜观察，细胞已长成致密单层时即可进行传代培养。从培养箱中取出放入超净工作台中，如果室温过低可将培养瓶置于调

整到 30～37℃的加热恒温台。

③ 点燃酒精灯，在酒精灯旁准备好瓶装培养基。

（2）消化

① 向培养瓶中加入 0.25%胰蛋白酶工作液 500μL，轻摇培养瓶，使消化液润湿整个细胞层，置室温下静置 2～3min。

② 翻转培养瓶使其底部朝上，用肉眼看细胞单层，如细胞单层上出现空隙（约针孔大小）即可吸去消化液。

（3）终止消化

往培养瓶中加入 3.5mL 培养液以终止胰蛋白酶的消化作用，用吸管吸取瓶中的培养基反复冲击瓶壁上的细胞，直至细胞全部被冲下，轻轻混匀制成细胞悬液。

（4）计数

吸取少量细胞悬液于血球计数板通过倒置相差显微镜计数，根据结果将细胞浓度通过添加培养液调整至 $5×10^5$ 个/mL（细胞接种的密度亦可根据经验选择）。

（5）传代

吸取 2mL 细胞悬液移入另一培养瓶中，原培养瓶中留下 2mL 细胞悬液(其余弃去)，并向每瓶中加入新培养液 4mL，盖好瓶盖，轻轻摇匀后置于 37℃恒温箱中培养。

（6）观察

传代后每 24h 应对培养的细胞进行观察，若细胞贴壁存活则称为传了一代，如培养液变酸发黄要及时更换。

注意事项

---

[1] 细胞污染的预防：所有设备、材料、试剂、接触物均需严格操作，尽量避免细菌污染，不确定的溶液和耗材请勿使用，除非特殊情况，不要借用他人的溶液。

[2] 细胞培养液现用现配，冷藏于冰箱成品则需确认使用期限和在使用前预热，抗生素溶液需注意母液浓度及用量。

[3] 利用胰蛋白酶消化细胞时，如果未见细胞空隙，说明消化程度不够，可将消化时间稍延长；如果发现细胞已大片脱落，说明已消化过度，在这种情况下不能吸出消化液，而应直接进入消化终止操作。

[4] 传代后及时观察培养液的颜色和进行镜检，如果细胞培养过时，细胞大量凋亡，一般不再进行传代。

五、实验结果

细胞贴壁或者有单层细胞生长，培养液不变酸、颜色不发黄、培养瓶内无污染，同时，可继续进行下一次传代操作，说明传代培养操作成功。

六、思考题

1. 细胞传代中，无菌操作主要表现在哪些环节？

2. 细胞可否无限制的进行传代？

思政小课堂

"人民英雄"国家荣誉称号获得者：陈薇

陈薇

陈薇，女，1966年2月26日出生于浙江兰溪，中共党员，生物安全专家，中国工程院院士，中国人民解放军军事科学院军事医学研究院生物工程研究所所长、研究员，专业技术5级，少将军衔。

陈薇长期从事生物防御新型疫苗和生物新药研究，研制出中国军队首个SARS预防生物新药"重组人干扰素ω"和全球首个获批新药证书的埃博拉疫苗。

2020年新冠肺炎疫情发生后，陈薇闻令即动，带领团队第一时间"逆行"武汉，接管武汉P4病毒实验室，在基础研究、疫苗、防护药物研发方面取得了重大成果，为疫情防控作出了重大贡献。

陈薇荣获中国青年女科学家奖、何梁何利基金科学与技术进步奖以及"全军防治非典先进个人杰出青年"等荣誉称号。2020年9月，陈薇被授予"人民英雄"国家荣誉称号。

科学精神：义无反顾、舍我其谁。

·• 实验四 植物细胞的有丝分裂 •·

一、目的要求

1. 观察有丝分裂过程中，染色体的动态变化。

2. 学习植物细胞有丝分裂标本的制备方法。

二、基本原理

将生长旺盛的植物细胞根尖用乙酸-乙醇（1:3）固定液固定，迅速杀死细胞，使其内含物在形态结构上尽可能保持生活时的主要和真实状态，然后用解离液处理，使细胞分散，再经染色、压片，就可以在显微镜下观察到有丝分裂的图像。

通常我们可以采用两种方法观察植物细胞分裂。一种方法是用做好的切片进行观察。这些切片常以植物根尖为材料，用石蜡法制成切片（纵切或横切），厚度 8～10μm。其厚度大约等于一个分生组织细胞的直径，也就是一个细胞厚。可以看到有丝分裂的各个时期，并能清楚地看到各时期的细致特征。但缺点是因为其是一切片不可能保持完整细胞，也就是看不到分裂细胞的全貌，当然更不能计算出细胞中所含有全部染色体的数目。另一种方法为离析法。它是把细胞"打散"，每个细胞分散开既便于观察整个细胞，也便于计算每一细胞中的染色体数目。

上述两种观察方法各有其优缺点，因此本次实验两种方法均采用，以取长补短更好地了解植物细胞的有丝分裂过程。

三、实验器材

1. 材料：洋葱活根尖或已固定材料。

2. 试剂：石炭酸-品红溶液、95%乙醇、70%乙醇、1mmol/mL 盐酸、醋酸等。

3. 其他：解剖刀、载玻片、盖玻片、恒温水浴锅、酒精灯、显微镜、刀片、镊子等。

四、操作步骤

取洋葱或百合根尖永久制片观察，首先用肉眼或放大镜观察永久制片中的根尖纵切面，认清根冠、分生区、伸长区和成熟区（根毛区）四部分。然后放在显微镜下，用 10×物镜观察，并将分生区移至视野中央，换高倍物镜仔细观察。在用低倍镜观察时可以根据染色体的分布情况及细胞核的变化（核仁、核膜是否消失等），大致了解分生区中细胞的分裂情况。如果分裂相过少，可换一个切片进行观察。观察时可参考教科书和有丝分裂的照片，掌握分裂过程中各个时期的特征，并在显微镜下识别出每一个分裂时期。

如果材料是已固定好的根尖，从步骤③开始。

① 用刀片截取已培养好的洋葱长出的幼根根尖，其长度以 5～10mm 为宜。

② 将截取下的根尖放入乙酸-乙醇（1:3）固定液中，固定 15～30min。

③ 转入 95%乙醇染色缸中，3～5min；再转入 70%乙醇染色缸中，3～5min。再用水浸泡 5min。

④ 转入 1mol/L 盐酸中，在 60℃下水解 10～15min，水洗 1～2 次。

⑤ 截取根尖部分（1～2mm），置于干净载玻片上，用吸水纸吸去外部水分，滴加一滴石炭酸-品红染液，用刀片将根尖切碎，染色 10～15min（其间可过火 3～4 次，微加热有助于染色，但切勿干燥）。

⑥ 加盖一张盖玻片，在平坦桌面上，用大拇指或者橡皮，轻压盖玻片，使根尖细胞分散开，即可在显微镜下观察。

[1] 植物细胞在进行生长发育过程中，不断地进行细胞分裂，增加细胞数目。最普遍的植物细胞分裂的方式是有丝分裂。植物的根尖、茎尖分生组织和形成层，主要以有丝分裂方式进行分裂。

[2] 要做好这次实验必须考虑两个问题：第一要掌握好细胞进行有丝分裂的时间，否则很难观察到有丝分裂的全过程，有时甚至看不到有丝分裂；第二是用什么方式进行观察，是将根尖、茎尖等材料切成薄片，还是用离析法把细胞"打散"进行观察。

[3] 用石炭酸-品红比乙酸洋红染色效果更好，石炭酸-品红染液可以把细胞核和染色体染为红紫色，细胞质一般染不上颜色，故背景清晰。由于上述方法，没有经过切片，因此每个细胞都是完整的，便于观察染色体。观察过程中要特别注意细胞分裂的中期。

五、实验结果

石炭酸-品红染液可以把细胞核和染色体染为红紫色，细胞质一般染不上颜色或者着色很浅，因此，不同分裂时期的染色体及排布可明显显示出来。

六、思考题

1. 为何大部分细胞的染色体并非整齐排列，且多数细胞的染色体显示模糊不清晰？
2. 能够观察到根尖细胞的哪几个分裂期？

第三章
分子生物学实验技术

第一节
分子生物学基础实验技术

·· 实验一　聚合酶链式反应（PCR）··

一、目的要求

1. 掌握 PCR 反应的原理和基本操作方法。
2. 熟悉 PCR 反应条件的优化及反应注意事项。

二、基本原理

聚合酶链式反应（polymerase chain reaction，PCR）是 20 世纪 80 年代中期发展起来的一种体外扩增特异 DNA 片段的技术。其本质是在适宜的条件（pH、温度、Mg^{2+}）下，在模板 DNA、引物和四种脱氧核糖核苷酸（dNTP）存在的情况下，依赖于 DNA 聚合酶的酶促反应。其过程主要分为"变性""退火""延伸"三步。

（1）变性

在 90～95℃时，模板 DNA 双螺旋结构的氢键断裂，双链解开成为单链，称为 DNA 的变性，以便它与引物结合，为下轮反应作准备。

（2）退火

当反应温度降低至 50～65℃时，模板 DNA 与引物发生退火结合，寡核苷酸引物与单链模板杂交，形成 DNA 模板-引物复合物。退火所需要的温度取决于引物与靶序列的同源性程度及引物的碱基组成。我们知道，G-C 间由三个氢键连接，而 A-T 间只有两个氢键相连，所以 G-C 含量较高的引物，其退火温度相对要高些。除此之外，引物的长度也影响着退火温度，引物越长，退火温度越高。

（3）延伸

Taq DNA 聚合酶是一种可耐受高温的 DNA 聚合酶，多被用于 PCR 反应的催化过程。DNA 模板-引物复合物在 Taq DNA 聚合酶的作用下，以 dNTP 为反应底物，靶序列为模板，按碱基配对与半保留复制的原则，合成一条与模板 DNA 链互补的新链。该过程中，最适反应温度为 72℃，其反应时间与所需扩增片段的长度有关，在 72℃条件下，Taq DNA 聚合酶催化的合成速度大约为 30～60 个碱基/秒。

重复循环变性-退火-延伸三个过程，就可获得更多的片段，新合成的链又可成为下次循环的模板。经过一轮"变性-退火-延伸"循环，模板拷贝数增加了一倍。在以后的循环中，新合成的 DNA 都可以起到模板作用，因此每一轮循环以后，DNA 拷贝数就增加一倍。每完成一个循环需 2～4min，一次 PCR 经过 30～40 次循环，约 2～3h。扩增初期，扩增的量呈直线上升，但是当引物、模板、产物达到一定比值时，酶的催化反应趋于饱和，便出现所谓的"平台效应"，即靶 DNA 产物的浓度不再显著增加。

三、实验材料

ddH₂O、10×PCR 缓冲液、25mmol/L MgCl₂、dNTP、Taq DNA 聚合酶、模板 DNA（基因组 DNA、cDNA、质粒等）、上下游引物（根据实验目的设计）。

四、操作步骤

① PCR 反应体系的配制。在 0.2mL 管内配制 25μL 反应体系，按表 3-1 准确加入各反应物。反应体系如下：

表 3-1　PCR 反应体系

10×PCR 缓冲液	2.5μL
25mmol/L MgCl₂	1.5μL
2.5mmol/L dNTP	2.0μL
上游引物	2.0μL
下游引物	2.0μL
Taq DNA 聚合酶	0.2μL
模板 DNA(约 1ng/μL)	2.0μL
加 ddH₂O 至 25μL	12.8μL

② 将上述反应体系溶液充分混匀，离心收集溶液到管底。

③ PCR 反应条件的设置。在 PCR 仪上设置程序，按程序设置的条件扩增。

94℃预变性 5min；

94℃变性 30s；

55℃退火 30s；　　　　　　　　　　　　　　　30～35 循环

72℃延伸 1～2min；（延伸速度 1kb/min）

72℃延伸 10min；

4℃静置保存。

注意事项

[1] 使用PCR仪时，设置反应程序确保正确，确保运行无异常后才能离开。

[2] 操作多份样品时，操作时间长，可最后加入酶液，避免因长时间放置造成活性降低。

[3] 注意枪头混用问题，添加体系中各成分时，及时更换枪头。

五、实验结果

目的DNA片段得到大量扩增，可在实验二DNA琼脂糖凝胶电泳中定性验证产物结果。

六、思考题

1. 如果降低退火温度对PCR反应会有何影响？

2. PCR反应中循环数是不是越多越好，为什么？

拓展阅读

1993年诺贝尔生理学或医学奖：PCR技术

1993年诺贝尔生理学或医学奖被授予卡里·穆利斯（Kary B. Mullis），因为他发明了聚合酶链式反应（PCR）方法。完成PCR和生物体内DNA的复制必需的条件包括DNA聚合酶、模板DNA、能量、游离脱氧核苷酸等。生物体的基因组存储在DNA分子内部，但是分析这种遗传信息需要大量的DNA。1985年，Kary B. Mullis发明了一种称为聚合酶链式反应（PCR）的方法，该方法可在短时间内大量复制少量DNA。通过加热，DNA分子的两条链分离，并且以添加的DNA引物与每一条模板链结合。借助DNA聚合酶，可以形成新的DNA链，然后可以重复该过程。PCR在医学研究和法医学领域都具有重要意义。

卡里·穆利斯（Kary B. Mullis）

··实验二 DNA琼脂糖凝胶电泳··

一、目的要求

学习和掌握琼脂糖凝胶电泳鉴定DNA的原理和方法。

二、基本原理

琼脂糖凝胶电泳是用于分离、鉴定和提纯 DNA 片段的标准方法。琼脂糖是从琼脂中提取的一种多糖，具亲水性，但不带电荷，是一种很好的电泳支持物。

DNA 在碱性条件下（一般为 pH 8.0 的缓冲液）带负电荷，在电场中通过凝胶介质向正极移动，不同 DNA 分子片段由于分子和构型不同，在电场中的迁移速率也不同。一般而言，线性 DNA 分子的迁移速率与分子量的对数值成反比关系。

溴化乙锭（EB）可嵌入 DNA 分子碱基对间形成荧光络合物，经紫外线照射后，发出橘红色荧光，从而可分出不同的区带，达到分离、鉴定 DNA 分子量，筛选重组子的目的。

三、实验材料

基因组 DNA 或 PCR 产物等 DNA 溶液、琼脂糖、DNA 分子量标准（DNA Ladder）、5×TBE、加样缓冲液、溴化乙锭、电泳缓冲液（TAE）。

四、操作步骤

（1）安装电泳槽

将塑料制胶板洗净、晾干，放在制胶槽中并插上样品梳。

（2）琼脂糖凝胶的制备

按 0.3%～1.5%的琼脂糖含量，称取琼脂糖并按比例加入电泳缓冲液，建议 1～20kb 的 DNA 用 1%的凝胶，20～200kb 的 DNA 用 0.5%的凝胶，200～2000kb 的 DNA 用 1.5%的凝胶置于微波炉或沸水浴中加热至完全溶化，取出摇匀。

（3）灌胶

将冷却到 60℃的琼脂糖凝胶轻轻倒入制胶板上。

（4）加入电泳缓冲液

待琼脂糖凝胶凝固后，垂直拔出梳子，随后凝胶放入电泳槽中，并在电泳槽内加入电泳缓冲液至完全没过凝胶。

（5）加样

将 DNA 样品与加样缓冲液按 4:1 混匀后，用微量移液器将混合液加到凝胶点样孔中，每孔加 10～20μL，记录样品的点样次序和加样量，在最右边点样孔中加入 DNA 分子量标准。

（6）电泳

安装好电极导线，点样孔一端接负极，另一端接正极，打开电源，调电压至 3～5V/cm，电泳 20min～2h，当溴酚蓝移到距凝胶前沿 1～2cm 时，停止电泳。

（7）染色和观察

取出凝胶，放在含有溴化乙锭的染液中染色 30min（或在制胶时与电泳缓冲液同时加入琼脂糖中），放入凝胶成像仪中于 254nm 的紫外灯下观察，有荧光条带的位置即为 DNA 条带。照相记录电泳图谱，并对图谱进行结果分析以判断条带的位置及浓度。

注意事项

[1] 溴化乙锭具有一定毒性，操作时须全程佩戴手套并避免接触公共区域，如接触溴化乙锭，请及时清洗。

[2] 核酸电泳相关试剂、缓冲液配制方法

① 5×TBE（Tris-硼酸及 EDTA）缓冲液的配制（1000mL）

Tris 54g、硼酸 27.5g、0.5mol/L EDTA 20mL，将 pH 调到 8.0，定容至 1000mL，4℃冰箱保存，用时稀释 10 倍。

② 加样缓冲液的配制

0.25g 溴酚蓝、40g 蔗糖加 100mL 水定容，4℃冰箱保存。

③ 溴化乙锭的配制

称取 0.1g 溴化乙锭，溶于 10mL 水，配成终浓度为 10mg/mL 的母液，4℃冰箱保存。染色时，吸取 12.5μL 的母液，加入 250mL 水中，使其终浓度为 0.5μg/mL，混合均匀。

④ 100 倍电泳缓冲液 TAE 的配制（100×TAE）

4mol/L Tris-HCl（pH 8.0）、2mol/L 乙酸钠、200mmol/L EDTA。

称取 Tris 242.2g、无水乙酸钠 82.03g、EDTA 37.23g，先用 400mL 双蒸水加热搅拌溶解后，再用冰醋酸调 pH 至 8.0（大约加入冰醋酸 50mL），然后定容至 500mL。用时稀释 100 倍。

五、实验结果

凝胶上可观察到清晰的 DNA 条带，与 DNA 分子量标准比对确定条带大小。

六、思考题

在凝胶电泳中观察到清晰条带后，是否可以肯定该条带为目的条带？

·· 实验三　DNA 酶切及片段回收 ··

一、目的要求

1. 掌握 DNA 的酶切技术。

2. 掌握利用离心柱法从琼脂糖凝胶中分离回收目的 DNA 片段的原理和操作技术。

二、基本原理

1. DNA 酶切

限制性内切酶能特异性地结合于一段被称为限制性酶识别序列的 DNA 序列之内或其附近的特异位点上，并切割双链 DNA。它可分为三类：Ⅰ类、Ⅱ类和Ⅲ类酶。Ⅰ类和Ⅲ类酶在同一蛋白质分子中兼有切割和修饰（甲基化）作用且依赖于 ATP 的存在。Ⅰ类酶结合于识别位点并随机切割识别位点不远处的 DNA，而Ⅲ类酶在识别位点上切割 DNA 分子，然后从底物上解离。Ⅱ类酶由两种酶组成：一种为限制性核酸内切酶（限制酶），它切割某一特异的核苷酸序列；另一种为独立的甲基化酶，它修饰同一识别序列。

Ⅱ类酶中的限制酶在分子克隆中得到了广泛应用，它们是重组 DNA 的基础。绝大多数Ⅱ类限制酶识别长度为 4~6 个核苷酸的回文对称特异核苷酸序列(如 *Eco*R Ⅰ 识别六个核苷酸序列：5′-G↓AATTC-3′)，有少数酶识别更长的序列或简并序列。Ⅱ类酶切割位点在识别序列中，有的在对称轴处切割，产生平末端的 DNA 片段（如 *Sma* Ⅰ :5′-CCC↓GGG-3′）；有的切割位点在对称轴一侧，产生带有单链突出末端的 DNA 片段称黏性末端，如 *Eco*R Ⅰ 切割识别序列后产生两个互补的黏性末端：

$$5'\cdots G\downarrow AATTC\cdots 3' \rightarrow 5'\cdots G\ AATTC\cdots 3'$$
$$3'\cdots CTTAA\uparrow G\cdots 5' \rightarrow 3'\cdots CTTAA\ G\cdots 5'$$

2. DNA 片段的回收

DNA 片段的回收和纯化是基因工程操作中的一项重要技术，例如可收集特定酶切片段用于克隆或制备探针，回收 PCR 产物用于再次鉴定等。纯度和回收率是回收实验中两个最重要的技术指标。前者未达标时会严重影响以后的酶切、连接、标记等酶参与的反应；后者不理想时往往会大大增加前期的工作量。

UNIQ-10 回收柱内装有一层惰性大分子材料，这些大分子材料形成一层滤膜，在低 pH、高盐浓度等条件下，它可以选择性吸附核酸物质，但不吸附蛋白质、多糖和其他非核酸类物质。通过 Binding Buffer Ⅱ 裂解细胞释放出 DNA，然后借助 UNIQ-10 吸附 DNA，经简单的洗涤步骤除去非特异性结合的杂质，最后用 Elution Buffer、TE 或者水洗脱 DNA。

三、实验材料

原核表达载体 pET30，含有目的基因的 TA 重组质粒，5×TBE 缓冲液（配制方法见实验二），6×加样缓冲液（6×TAE，配制方法见实验二），溴化乙锭（配制方法见实验二），购买的 *Eco*R Ⅰ（50U/μL）、*Hind*Ⅲ（50U/μL）两种限制性内切酶，PCR 凝胶回收试剂盒（含凝胶结合液 PG、平衡液 PB、漂洗液 PW 等），无水乙醇。

四、操作步骤

(1) DNA 酶切

① 将清洁干燥并经灭菌的 eppendorf 管（0.2mL）编号，用微量移液器分别配制酶切反应体系（表 3-2）。

表 3-2 DNA 酶切反应体系（20μL）

质粒 DNA	8μL（≤1μg）
10×Buffer	2μL
限制性内切酶 *Eco*R I	1μL
限制性内切酶 *Hind*Ⅲ	1μL
ddH$_2$O	8μL
总体积	20μL

② 将反应体系充分混匀，并于离心机上短暂离心以收集液体。

③ 将 eppendorf 管置于 37℃，酶切反应 10min，反应结束后放 85℃，5min 终止反应。

④ 琼脂糖凝胶电泳检测酶切效果，如果酶切效果好，从胶上切下目的片段，用 PCR 凝胶回收试剂盒回收目的片段。

(2) DNA 片段的回收

① 将凝胶电泳胶块放在紫外灯下观察并小心地用刀片切下目的片段，放于事先称重的离心管中。

② 对胶块称重，以确定胶块的体积。若凝胶重量为 0.1g，其体积可视为 100μL。

③ 加入与胶块等体积的 PG 溶液，55℃水浴 10min，直至胶块完全溶解。过程中不断温和地上下翻动离心管，以确保其完全溶解。

④ 平衡吸附柱：将吸附柱放入离心管，向吸附柱中加入 200μL 平衡液 PB，12000r/min 离心 1min，弃掉废液，将吸附柱重新放回离心管中。

⑤ 将溶解好的胶块溶液稍冷却后转入平衡好的吸附柱中（每次加入体积不超过 750μL，如溶液体积超过 750μL，则多次分别加入），放置 2min 后室温 12000r/min 离心 1min，弃滤液。

⑥ 向吸附柱中加 750μL PW（使用前请先检查是否已经加入无水乙醇），室温 12000r/min 离心 1min，弃滤液。

⑦ 吸附柱放回离心管，12000r/min 离心 1min，去除多余的溶液残留，弃掉离心管。

⑧ 将吸附柱置于一个新的 1.5mL 离心管上，室温开盖晾干 2min，在膜的中间加入 20～30μL 洗脱液或 ddH$_2$O，室温下静置 2～5min。

⑨ 室温 12000r/min 离心 1min，洗脱 DNA。离心管中的液体就是回收产物，放置在

–20℃保存。

注意事项

溴化乙锭具有一定毒性，切胶操作时须全程佩戴手套并避免接触公共区域。如接触，请及时清洗。

五、实验结果

1. 凝胶电泳后可观察到相应大小的 DNA 片段。
2. 目的 DNA 片段回收后，可通过超微量分光光度计检测回收 DNA 的浓度与质量。

六、思考题

在整个实验过程中，哪些步骤直接影响了 DNA 的回收率？

·· 实验四　DNA重组 ··

一、目的要求

了解重组 DNA 分子的原理与基本操作方法。

二、基本原理

已经获得目的基因片段后，选择恰当的（克隆或表达）载体，连接 DNA 片段，从而获得重组子。重组子可转入相应的宿主菌用于扩增或目的基因的表达。

DNA 分子的连接过程是在一定条件下，由 DNA 连接酶催化两条双链 DNA 片段相邻的 5′端磷酸和 3′端羟基之间形成磷酸二酯键的生化过程。在分子克隆中，最有用的 DNA 连接酶是来自 T4 噬菌体的 DNA 连接酶——T4 DNA 连接酶。T4 DNA 连接酶在分子克隆中主要用于：①连接具有同源互补黏性末端的 DNA 片段；②连接双链 DNA 分子间的平末端；③在双链平末端的 DNA 分子上添加合成的人工接头或适配子。

三、实验材料

纯化后经相同限制性内切酶切割后的质粒载体与目的基因片段、T4 DNA 连接试剂盒。

四、操作步骤

① 取清洁干燥并经灭菌的 eppendorf 管（0.2mL），用微量移液器分别配制连接反应体系（表 3-3）。

表 3-3　连接反应体系（20μL）

pET32 酶切质粒回收产物	3μL（约 0.03pmol）
目的基因的酶切回收产物	10μL（约 0.3pmol）
T₄ DNA 连接酶	0.2μL
10 × Buffer	2μL
补 ddH₂O 至	20μL

② 盖上管盖，充分混匀体系，于台式离心机上短暂离心 5s，收集液体。

③ 16～22℃，进行连接反应 1～12h。

④ 反应结束后于-20℃下保存或直接用于后续转化实验。

注意事项

不同公司生产的连接酶反应温度与时间有所不同，需在实验前阅读确定。

五、实验结果

目的片段与载体片段成功连接，其结果可在质粒转化实验中验证。

六、思考题

为何目的片段的加入量要远远大于载体片段加入量？

拓展阅读

2002 年诺贝尔生理学或医学奖：器官发育和程序性细胞死亡的基因调节

悉尼·布伦纳	罗伯特·霍维茨	约翰·苏尔斯顿
（Sydney Brenner）	（H. Robert Horvitz）	（John E. Sulston）

2002 年诺贝尔生理学或医学奖被授予悉尼·布伦纳（Sydney Brenner）、罗伯特·霍维

茨（H. Robert Horvitz）和约翰·苏尔斯顿（John E. Sulston），因为他们发现了有关器官发育和程序性细胞死亡的遗传调控。在生物的生命之初，它所包含的细胞数量迅速增加。在整个生命周期中都会形成新的细胞，但是细胞也会死亡，以维持现有细胞数量的平衡。这个过程受基因调控，称为程序性细胞死亡。悉尼·布伦纳在20世纪70年代中期进行的关于秀丽隐杆线虫（*Caenorhabditis elegans*）发育的研究对这一现象的理解具有开创性，使将基因分析与细胞分裂和器官形成联系起来成为可能。罗伯特·霍维茨在1986年确定了发生程序性细胞死亡所需的两个基因。后来他证明了另一个基因可以防止细胞死亡，并且还鉴定了调节死细胞去除方式的基因。1976年，约翰·苏尔斯顿详细描述了秀丽隐杆线虫的细胞如何分裂和成熟，并表明某些细胞的死亡是该生物正常发育的一部分，还发现了在细胞死亡过程中活跃基因中的第一个突变。

·• 实验五　大肠杆菌化学感受态的制备及质粒DNA转化 •·

一、目的要求

1. 了解感受态细胞的生理特性及制备条件，掌握大肠杆菌化学感受态的制备方法。
2. 掌握质粒DNA转化大肠杆菌的方法，了解转化的条件和筛选阳性菌落的原理。

二、基本原理

感受态是指受体细菌最容易接受外源DNA片段并实现其转化的一种生理状态。这种状态是由细菌的遗传性状决定的，同时也受菌龄、外界环境因子的影响。受体菌经过一些特殊方法（如电击、$CaCl_2$等化学试剂）处理后，其细胞膜的通透性发生变化，成为能够容许外源DNA分子通过的感受态细胞。

转化是指质粒DNA或以它为载体构建的重组子导入细菌的过程。在0℃、$CaCl_2$低渗溶液中，细菌细胞膨胀成球形。转化混合物中的DNA形成抗DNA酶的羟基-钙磷酸复合物黏附于细胞表面，经42℃短时间热击处理，促进细胞吸收DNA复合物。将细菌放置在非选择性培养基中保温一段时间，促使在转化过程中获得新的表型（如氨苄青霉素抗性等得到表达），然后将此细菌培养物涂在含有氨苄青霉素的选择性培养基上筛选培养。

三、实验材料

氯化钙（$CaCl_2$）、胰蛋白胨、酵母提取物、氯化钠（NaCl）、氨苄青霉素或卡那霉素、连接产物（重组质粒）、受体大肠杆菌。

四、操作步骤

（1）大肠杆菌化学感受态的制备

① 从受体大肠杆菌平板上挑取一个单菌落接于 2mL LB 液体培养基的试管中，37℃振荡培养过夜。

② 无菌条件下取 0.5mL 菌液转接到一个含有 50mL LB 液体培养基的锥形瓶中，37℃振荡培养 2~3h。分光光度计测菌液 OD_{600} 光密度值，待 $0.2 \leqslant OD_{600} \leqslant 0.52$ 时可用。

③ 将菌液转移到 50mL 离心管中，冰上放置 15min。

④ 4℃离心 5min（6000r/min），弃上清液，回收细胞。可将离心管倒置在无菌滤纸上，吸干残留的培养液。

⑤ 用预冷的 10mL 0.1mol/L $CaCl_2$ 悬浮沉淀，立即放在冰上保温 30min。

⑥ 0~4℃ 6000r/min，离心 5min，弃上清液，回收细胞。

⑦ 用预冷的 2mL 0.1mol/L $CaCl_2$ 悬浮细胞，于冰上放置 5min，即成感受态细胞悬液。

⑧ 分装细胞，每 200μL 一份（可根据实际需要调整），-70℃冰箱保存或立即使用。

（2）质粒 DNA 转化大肠杆菌

① 从-70℃冰箱中取出一份感受态细胞，放置在冰上，缓慢融化。待感受态细胞完全融化后，向管中加入质粒 DNA 轻柔混匀，冰上放置 30min。

② 将管放到 42℃水浴锅 90s，迅速取出并冰浴 2min。

③ 管中加 600μL LB 液体培养基，37℃恒温摇床培养 1h。

④ 取 100~200μL 上述菌液，涂布在含有氨苄青霉素（或卡那霉素）的 LB 固体培养基上（根据质粒特性决定固体培养基的抗生素种类）。

⑤ 倒置平皿，于 37℃恒温培养箱培养 12~16h。

⑥ 观察菌落。

注意事项

[1] 该实验整个过程注意无菌、低温、轻柔。

[2] 转化过程中热击时间必须严格。

[3] 大肠杆菌化学感受态的制备及质粒 DNA 转化溶液配制方法

① 0.1mol/L $CaCl_2$ 溶液

称取 0.555g $CaCl_2$ 溶于蒸馏水中，至总体积为 50mL，121℃湿热灭菌 20min。

② LB 液体培养基

配制 1L 培养基，应在 950mL 去离子水中加入：

胰蛋白胨（bacto-typtone）	10g
酵母提取物（bacto-yeast extract）	5g

NaCl	10g

摇动容器直至溶质完全溶解，用 NaOH 调节 pH 至 7.0，加入去离子水至总体积为 1L，121℃湿热灭菌20min。

③ 氨苄青霉素或卡那霉素母液

用 ddH₂O 配制成 100mg/mL 或 50mg/mL 溶液，随后在超净工作台上使用 0.22μm 无菌滤器过滤除菌。置于−20℃冰箱保存。

五、实验结果

1. 获得高质量感受态细胞。

2. 平板上长出大肠杆菌单菌落。

六、思考题

在整个实验过程中，影响转化效率的步骤有哪些?

·· 实验六　质粒提取及电泳分析 ··

一、目的要求

学会和掌握利用碱裂解法提取大肠杆菌中质粒的原理与操作。

二、基本原理

质粒是除染色体外能够自主复制的遗传单位。目前，已发现绝大多数细菌的质粒都是双链闭合环状 DNA 分子。质粒的分子量一般较小，约为细菌染色体 DNA 的 0.5%~3%。碱裂解法提取质粒 DNA 是基于染色体 DNA 与质粒 DNA 在变性和复性过程中的差异而达到分离目的。当菌体在 NaOH 和 SDS 溶液中裂解时，蛋白质与 DNA 发生变性，加入中和液（如乙酸等）pH 恢复中性后，质粒 DNA 分子能够迅速复性，呈溶解状态，离心时留在上清液中，蛋白质与染色体 DNA 无法复性而呈絮状，离心时可沉淀下来。

三、实验材料

LB 培养基、溶液Ⅰ、溶液Ⅱ（变性液）、溶液Ⅲ（乙酸钾液）、异丙醇、氯仿、无水乙醇、70%乙醇、氨苄青霉素母液（100mg/mL）或卡那霉素母液（50mg/mL）。

四、操作步骤

① 将 5~10mL 含有抗生素（根据具体实验选择）的 LB 培养基加入容量为 100mL 的三

角烧瓶中，接入含目的质粒的单菌落，于37℃ 220r/min 振摇过夜培养（约16h）。

② 吸取培养的菌液 1.5mL，转入 1.5mL 离心管中，用台式离心机以 12000r/min 离心 1min。弃上清，保留菌体沉淀，可将离心管倒置，使液体尽可能流尽（此步骤可重复多次，直到获得足量菌体）。

③ 加 100μL 溶液Ⅰ重悬细菌沉淀，用枪吹打直至混合均匀。

④ 加 200μL 溶液Ⅱ，盖紧管口，轻缓上下颠倒离心管以混合内容物。室温静置 5min（溶液变透明、黏稠）。此步骤注意动作轻柔。

⑤ 加 150μL 溶液Ⅲ，轻微上下颠倒，置于冰上 10min（溶液出现白色沉淀）。

⑥ 12000r/min 离心 10min，取上清液至另一离心管（弃沉淀）。

⑦ 加等体积的氯仿，颠倒混匀，12000r/min 离心 5min，取上清液至另一离心管（此步骤可重复一次）。

⑧ 加 1 倍量异丙醇，振荡混匀，静置 10～30min，12000r/min 离心 10min。弃上清液，可将离心管倒置于吸水纸上，将附于管壁的残余液滴除净。

⑨ 加 500μL 70%乙醇洗涤沉淀物，台式离心机 12000r/min 离心 1min，弃上清液，开盖将沉淀在室温下晾干。

⑩ 沉淀加 20～50μL ddH$_2$O，反复吹打使质粒 DNA 充分溶解。

⑪ 电泳检测质粒的完整性和浓度，并于−20℃保存。

注意事项

- -

[1] 加入溶液Ⅱ后，动作要轻柔。

[2] 加入溶液Ⅲ后，离心取上清液过程中若取到沉淀部分可进行二次离心。

[3] 碱裂解法提取质粒相关溶液配制方法

① LB 培养基的配制

酵母浸提物	5.0g
胰蛋白胨	10.0g
NaCl	10.0g

依次称量后加入 800mL 去离子水搅拌至完全溶解，用 5mol/L NaOH 溶液（约 0.2mL）调节培养液的 pH 至 7.0。再加去离子水将溶液定容至总体积为 1000mL，高温高压灭菌 20min，冷却后 4℃保存。

② 溶液Ⅰ：50mmol/L 葡萄糖溶液，25mmol/L Tris-HCl（pH 8.0）溶液，10mmol/L EDTA（pH 8.0）溶液。

分别取 1mol/L Tris-HCl（pH 8.0）溶液 12.5mL，0.5mol/L EDTA（pH 8.0）溶液 10mL，葡萄糖 4.730g，加 ddH$_2$O 至 500mL。在 121℃高压灭菌 20min，贮存于 4℃。

③ 溶液Ⅱ（变性液）：200mmol/L NaOH 溶液，1% SDS 溶液。

分别取2% SDS溶液50mL、0.4mol/L NaOH溶液50mL，充分混匀。室温保存，现用现配。

注意：SDS易产生气泡，不要剧烈搅拌。

④ 溶液Ⅲ（乙酸钾液）：3mol/L乙酸钾（KAc）缓冲液，pH 5.6；5mol/L冰醋酸。

分别取乙酸钾147g、冰醋酸57.5mL，加入300mL去离子水后搅拌溶解。待乙酸钾溶解后，再加去离子水将溶液定容至500mL。高温高压灭菌后，4℃保存。

五、实验结果

获得较高浓度质粒分子，电泳检测可见明显条带，可通过超微量分光光度计检测质粒的浓度与质量。

六、思考题

请结合实验原理，思考实验过程中溶液Ⅱ及溶液Ⅲ的作用。

拓展阅读

2020年诺贝尔生理学或医学奖：丙型肝炎病毒的发现

哈维·阿尔特
（Harvey J. Alter）

迈克尔·霍顿
（Michael Houghton）

查尔斯·赖斯
（Charles M. Rice）

2020年诺贝尔生理学或医学奖被授予哈维·阿尔特（Harvey J. Alter）、迈克尔·霍顿（Michael Houghton）和查尔斯·赖斯（Charles M. Rice）三位科学家，因为他们发现了丙型肝炎病毒。肝炎的一种更隐蔽的形式，其特征是在急性期症状非常轻微，并且发展为慢性肝损害和癌症的风险很高。阿尔特、霍顿和赖斯认为这种形式的肝炎是由丙型肝炎病毒（HCV）引起的。这项开创性的工作为开发筛选方法铺平了道路，该方法大大降低了从受污染的血液中感染肝炎的风险，并开发了有效的抗病毒药物，改善了数百万人的生活。得益于他们开创性工作，世界各地广泛使用可以识别丙型肝炎病毒（HCV）携带者血液的验证测试制品，有效的药物改变了 HCV 感染患者的命运。HCV 诱发的肝炎现在在许多情况下是可以治愈的疾病，与感染相关的病变通常是可逆的。临床研究表明，短期抗病毒治疗可治愈 95％ 以上的患者，包括对以前的治疗方式无反应的晚期患者。这一杰出成就已使全球数百万人受益。

·· 实验七　重组子的蓝白斑筛选 ··

一、目的要求

学习和掌握蓝白斑筛选重组子的原理和实验操作。

二、基本原理

β-半乳糖苷酶是一种把乳糖分解成葡萄糖和半乳糖的酶，最常用的半乳糖苷酶基因来自大肠杆菌 lac 操纵子，载体中带有大肠杆菌 lac 操纵子的调节序列和编码 β-半乳糖苷酶 N 末端 146 个氨基酸的序列。用异丙基-β-D-半乳糖苷（IPTG）可诱导这个末端片段的合成，合成的片段能与宿主编码的半乳糖苷酶缺陷型进行互补，恢复该酶的活性，这一过程称为 α-互补。

IPTG 可诱导缺陷型大肠杆菌 DH-5a 表达出半乳糖苷酶，该酶可分解培养基中添加的无色 X-gal 成半乳糖和深蓝色的底物 5-溴-4-氯靛蓝，使菌落呈现出蓝色反应。在质粒载体 lacZ 序列中，含有一系列不同限制酶的单一识别位点，其中任何一个位点插入了外源克隆 DNA 片段，都会阻断半乳糖苷酶的读码结构，使其编码的 α 肽失去活性，结果产生白色菌落。根据这种半乳糖苷酶的显色反应，便可检测出含有外源 DNA 插入序列的重组克隆——无重组的宿主菌，在含色素底物 X-gal 的培养基平板上形成蓝斑，带有重组质粒的宿主菌产生白斑。

三、实验材料

LB 液体培养基、LB 固体培养基（配制方法见实验五，在液体培养基中添加 15g/L 琼脂粉）、抗生素（根据使用的质粒性质选择）。

X-gal（5-溴-4-氯-3-吲哚-β-D-半乳糖）：X-gal 溶于 N,N'-二甲基甲酰胺中配制 20mg/mL 母液，0.22μm 滤膜过滤除菌，−20℃保存。

IPTG（异丙基-β-D-半乳糖苷）：0.2g/mL，0.22μm 滤膜过滤除菌，分装，贮存于−20℃。

四、操作步骤

① 在 40μL X-gal 中加入 4μL IPTG，充分混合，在无菌条件下涂布于含抗生素（根据使

用的质粒性质选择）的 LB 固体培养基平板上。

② 将平板置于 37℃ 恒温箱中 2～3h，以使培养基充分吸收色素底物 X-gal。

③ 将待筛选的转化菌液在无菌条件下涂布于含抗生素和 X-gal、IPTG 的平板上，正面朝上放置 10min，待菌液完全被吸收后倒置平板，37℃ 培养 12～18h。

④ 取出平板，观察菌落生长情况。

注意事项

X-gal 及 IPTG 在配制过程中用滤膜过滤除菌，后续全程无菌操作。

五、实验结果

平板上长出单菌落，呈现蓝色或白色。

六、思考题

根据自己的实验结果，分析得到该结果的原因及解决措施。

第二节
分子生物学综合研究型实验

·• 葡萄功能基因表达载体的构建 •·

真核生物功能基因表达载体的一般构建流程如下：

I 葡萄组织总RNA提取（离心柱法）

一、目的要求

通过本实验学习从植物组织中提取总 RNA 的基本原理和方法。

二、基本原理

植物组织经裂解液裂解并释放 RNA，补加乙醇后加入离心柱内，RNA 在高离序盐状态下选择性吸附于离心柱内硅基质膜上，再通过一系列快速漂洗、离心步骤，去蛋白液和漂洗液将细胞代谢物、蛋白质等杂质去除，最后用低盐灭活 RNase 的 H_2O 将纯净 RNA 从硅基质膜上洗脱，即可用于 RT-PCR、Northern Blot、mRNA 分离等各种分子生物学实验。

三、实验材料

1. 主要仪器：高速台式离心机（可配离心 1.5mL 离心管和 2mL 离心管的转子）、旋涡振荡器。

2. 材料：葡萄根、研钵、液氮、β-巯基乙醇、无水乙醇和 70%乙醇。

3. 试剂：植物总 RNA 提取试剂盒（柱式）。

产品组成（根据公司产品说明书）见表 3-4。

表 3-4　植物总 RNA 提取试剂盒产品组成

植物总 RNA 提取试剂盒 Cat. No.	5 次样品 5101005	50 次制备 5101050
离心柱	5 套	50 套
核酸纯化柱	5 套	50 套
Buffer RLC	4mL	32mL
Buffer WA	1.9mL	12mL
Buffer WBR	1.5mL	9.5mL
RNase-Free Water	1.5mL	2mL×3
说明书	1 份	1 份

使用前准备：

① 1mL Buffer RLC 中加入 10μL 14.3mol/L β-巯基乙醇，混合均匀。

② 根据试剂瓶标签上的指示在 Buffer WA 和 Buffer WBR 中加入无水乙醇，并在标签的方框中打钩做好"乙醇已加"的标记。

四、操作步骤（根据产品说明书的步骤进行）

① 在研钵中加入 300～500mg 植物组织和液氮，将组织研磨至粉末状，再用液氮预冷的 1.5mL 离心管称取 50～100mg 研磨成粉末状的组织。

② 加入 600μL 已加入 β-巯基乙醇的 Buffer RLC，旋涡振荡直至组织全部溶解，13000r/min 离心 2min。

③ 将步骤②中的上清液全部加入过滤柱中，盖上管盖，13000r/min 离心 2min。

④ 弃过滤柱，向滤液中加入 600μL 70%乙醇混合均匀，吸取 600μL 混合液加入核酸纯化柱中，盖上管盖，13000r/min 离心 1min。

⑤ 弃 2mL 离心管中的滤液，将核酸纯化柱置回到 2mL 离心管中，吸取剩余的混合液加入

核酸纯化柱中，13000r/min 离心 1min。

⑥ 弃 2mL 离心管中的滤液，在核酸纯化柱中加入 500μL Buffer WA，盖上管盖，13000r/min 离心 1min。

⑦ 弃 2mL 离心管中的滤液，在核酸纯化柱中加入 600μL Buffer WBR（确认在 Buffer WBR 中已经加入无水乙醇），盖上管盖，13000r/min 离心 1min。

⑧ 弃 2mL 离心管中的滤液，将核酸纯化柱置回到 2mL 离心管中，14000r/min 离心 1min。

⑨ 弃 2mL 离心管，将核酸纯化柱置于一个洁净的 RNase-free 1.5mL 离心管中，在纯化柱的膜中央加入 50～100μL RNase-Free Water，盖上管盖，室温静置 1min，13000r/min 离心 1min。

⑩ 弃核酸纯化柱，洗脱的 RNA 可立即用于下游各种分子生物学实验；或者将 RNA 储存于 −70℃备用。

注意事项

因为唾液、皮肤上均含有RNA酶，所以RNA提取的全过程都需要戴乳胶手套。

五、实验结果

本实验可获得 1 管 30～50μL 含有 RNA 的溶液。

六、思考题

1. Buffer RLC 中加入 β-巯基乙醇的目的是什么？
2. 如何灭活水中的 RNase？

思政
小课堂

"人民英雄"国家荣誉称号获得者：张定宇

张定宇

张定宇，1963 年生，河南人，湖北省卫生健康委员会党组成员、副主任，武汉金银潭医院院长。

张定宇长期奋战在医疗一线，曾率队到汶川抗震救灾，多次参加国际医疗援助。2020 年新冠疫情暴发后，患有"渐冻症"的张定宇，以"渐冻"之躯，和时间赛跑，率领医院干部职工奋战在第一线，全力抢救患者。金银潭医院也因收治首批不明原因肺炎患者，成为全面抗疫之战最早打响的地方。张定宇组织动员遗体捐献，金银潭医院完成了全国首例新冠肺炎遗体解剖工作，成功拿到新冠肺炎病理，这也为后续的新冠肺炎病理研究创造了条件。疫情期间，张定宇始终坚守在抗击疫情的最前沿，他用渐冻的身躯为医护人员和患者托起信心和希望。在他的带领下，金银潭医院全体干部职工齐心协力，共救治2800余名新冠肺炎患者，为全民抗击疫情胜利作出重大贡献。

张定宇荣获"全国卫生健康系统新冠肺炎疫情防控工作先进个人"称号。2020年9月，张定宇被授予"人民英雄"国家荣誉称号。

科学精神：乐观豁达、敬业奉献。

Ⅱ RNA质量及浓度检测

一、目的要求

通过本实验学习RNA质量及浓度检测的方法和依据。

二、基本原理

通过凝胶电泳及紫外吸收的方法可以检测RNA提取质量。电泳的目的在于检测28S和18S条带的完整性和它们的比值。一般如果28S和18S条带明亮、清晰、锐利（指条带的边缘清晰），并且28S条带的亮度是18S条带的两倍以上，则认为RNA的质量较高。检测RNA溶液在260nm、230nm、280nm下的吸光度，分别代表了核酸、盐和蛋白质等有机物的值。一般，$A_{260}/A_{280}(R)$=1.8～2.0时，我们认为RNA中蛋白质或者其他有机物的污染是可以容忍的；当$R<1.8$时，溶液中蛋白质或者其他有机物的污染比较明显；当$R>2.2$时，说明RNA已经水解。

对标准样品来说，当$A_{260}=1$时，dsDNA浓度约为50μg/mL，ssDNA浓度约为37μg/mL，RNA浓度约为40μg/mL。因此，RNA原液浓度=A_{260}×稀释倍数×40(ng/μL)。

三、实验仪器与材料

1. 主要仪器：凝胶成像仪、微量紫外分光光度计。

2. 材料：葡萄根RNA、琼脂糖、核酸染料（GoldView或EB）、电泳缓冲液1×TAE。

四、操作步骤

（1）核酸电泳步骤

核酸电泳步骤参见本章实验二"DNA琼脂糖凝胶电泳"。

(2) 总 RNA 的紫外吸收测定

① 紫外分光光度计开机预热 10min。

② 用重蒸水洗涤比色皿，吸水纸吸干，加入空白对照 H_2O 后，放入样品室架上，关上盖板。

③ 设定狭缝后校零。

④ 将待测样品适当稀释后，记录编号和稀释度。

⑤ 把装有待测样品的比色皿放进样品室架上，关上盖板。

⑥ 设定紫外光波长，分别测定 230nm、260nm、280nm 波长时的 A 值。

⑦ 计算待测样品的浓度与纯度。RNA 样品的浓度（μg/μL）：A_{260}×稀释倍数×40/1000。

注意事项

[1] 进行 RNA 质量检测时全程都需要戴乳胶手套，而且需要使用无 RNA 酶（RNase-free）的枪头和 EP 管。

[2] 溴化乙锭具有一定毒性，操作时须全程佩戴手套并避免接触公共区域，如接触溴化乙锭，请及时清洗。

五、实验结果

1. 高质量的 RNA 在琼脂糖凝胶电泳后会呈现两条清晰的带，分别为 18S rRNA 和 28S rRNA。

2. A_{260}/A_{280}=1.8～2.0。

六、思考题

1. 计算 A_{260}=2.5 时溶液中 RNA 的浓度。

2. 为何在琼脂糖凝胶电泳中只能看到两条带？

Ⅲ RT-PCR及目的产物回收

一、目的要求

通过本实验主要学习 RT-PCR 的基本原理及技术。

二、基本原理

RT-PCR（反转录-聚合酶链式反应）是将 RNA 的反转录（RT）和 cDNA 的聚合酶链式扩增（PCR）相结合的技术。首先经反转录酶的作用，将 RNA 合成相应的 cDNA，再以

cDNA 为模板，在 DNA 聚合酶作用下扩增目的片段，最终实现对某一特定的 RNA 分子进行扩增。本实验利用葡萄质膜 H^+-ATPase 的特异引物扩增其全长编码基因。

三、实验材料

基本与 PCR 相同，除此之外还需要：

1. 带酶切接头的特异引物。

上游引物：5′ <u>GGATCC</u>AGATATGGGAGGCGACAAAT 3′

下游引物：5′ <u>GAATTC</u>TTCTTTCCCTTCTTGGTTCG 3′

下划线表示添加的酶切位点，上游为 *Bam*H I 识别位点，下游为 *Eco*R I 识别位点。

2. RT-PCR 试剂盒。

四、操作步骤

（1）RT-PCR 步骤

① cDNA 合成。根据试剂盒说明配制反应液（见表 3-5）及设置反应条件。

表 3-5　cDNA 合成反应液配制

5×RT 反转录酶缓冲液	4μL
RT 反转录酶混合物 I	1μL
RT 引物混合物	1μL
RNA	1μg
RNase free ddH$_2$O	至 20μL

37℃反应 15min，然后 85℃反应 5s，最后产生的 RT 产物 cDNA 4℃保存。

② PCR 扩增。根据试剂盒说明配制反应液（见表 3-6）、设置合适反应条件。

表 3-6　PCR 扩增反应液配制

dNTP（2.5mmol/L）	2μL
10 × Taq Buffer	2.5μL
Taq（高保真酶）	0.25μL
上下游引物（F/R）	各 1μL
cDNA 模板	1μL
ddH$_2$O	至 25μL

PCR 反应：95℃预变性 5min，95℃变性 30s，55℃退火 1min，72℃延伸 3min，35 个循

环，72℃终延伸 10min，产物于 4℃保存或立即进行琼脂糖凝胶电泳检测扩增的条带是否与预期目的条带大小一致。

　　（2）琼脂糖凝胶电泳

步骤参考本章实验二"DNA 琼脂糖凝胶电泳"。

　　（3）PCR 产物回收

步骤本章参考实验三"DNA 酶切及片段回收"中"DNA 片段的回收"部分。

注意事项

实验中使用的所有酶都需要在低温下操作，以保持酶的活力。

五、实验结果

PCR 产物在琼脂糖凝胶电泳后会呈现一条清晰的带，长约 3kb。

六、思考题

---

1. 反转录酶和 DNA 聚合酶的区别。

2. 如何确定 PCR 的退火温度？

Ⅳ　目的产物与克隆载体连接、转化及阳性克隆重组子的筛选

一、目的要求

通过本实验主要学习此环节涉及的技术过程，重点学习菌落 PCR 的基本原理与实验技术。

二、基本原理

重组子经过抗生素筛选后（具有假阳性），可通过菌落 PCR 方法对重组子进行进一步快速鉴定。以重组质粒作为 PCR 扩增模板，采用目的基因特异性引物进行扩增，如果重组质粒转入宿主细胞，则可以扩增得到预期大小的目的片段。

三、实验材料

基本与本章实验四相同。此外，本实验使用 pEASY-Blunt 克隆载体试剂盒。

四、操作步骤

　　（1）目的产物与克隆载体连接（根据试剂盒要求配制反应液）

反应体系如下：

目的片段   4μL

pEASY-Blunt 载体   1μL

用移液器吸打混匀，25℃连接 20min。

（2）反应液转化大肠杆菌感受态

实验步骤参考本章实验五"大肠杆菌化学感受态的制备及质粒 DNA 转化"。

（3）菌落 PCR 筛选阳性克隆重组子

① 用 20μL 的无菌白色枪头分别挑取转化平板上 5 个白色的单菌落于盛有 15μL 无菌水的 200μL PCR 管，吹打混匀，PCR 管编号。从中取 2μL 菌液作为菌落 PCR 模板。

② 分别在新的 200μL PCR 管内配制 20μL 反应体系（见表 3-7）。

表 3-7　20μL 反应体系

模板 DNA	2μL
10×PCR 缓冲液	2.0μL
dNTP（2.5mmol/L）	1.6μL
上下游引物（2μmol/L F/R）	各 2μL
rTaq 酶（1.0U）	0.1μL
ddH$_2$O	至 20μL

将上述试剂依次加入 PCR 管。加样后用手轻弹混匀，6000r/min 离心 15s 使反应成分集于管底。

PCR 反应程序：95℃预变性 5min，95℃变性 30s，55℃退火 1min，72℃延伸 3min，30 个循环，72℃终延伸 10min。产物于 4℃保存或立即进行琼脂糖凝胶电泳检测哪些管中扩增得到预期大小的目的片段，这些管对应的菌落即为阳性克隆重组子。

注意事项

[1] 实验中使用的所有酶都需要在低温下操作，以保持酶的活力。

[2] 使用感受态做转化时全程需要在冰上操作。

五、实验结果

1. 在抗生素抗性平板上获得大量白色菌落。

2. 菌落 PCR 的产物在琼脂糖凝胶电泳后会呈现一条清晰的带，长约 3kb。

六、思考题

查找 pEASY-Blunt 克隆载体的图谱，并说明其使用特点。

Ⅴ 克隆重组子及表达载体酶切、连接、转化及表达重组子筛选

一、目的要求

通过本实验主要学习此环节涉及的技术过程，重点学习双酶切的基本原理和技术。

二、基本原理

克隆重组子通过双酶切获得带黏性末端的目的基因条带，与使用相同双酶切的表达载体进行黏性末端连接，可保证目的条带以预期的方向插入表达载体，并减少了载体的自我环化。

三、实验材料

基本与实验四相同。此外，本实验使用的特定试剂为：植物表达载体 pRI101、限制性内切酶 *Bam*H Ⅰ 和 *Eco*R Ⅰ 。

四、操作步骤

（1）克隆重组子质粒提取

实验步骤同本章实验六"质粒提取及电泳分析"。

（2）克隆重组子质粒及表达载体双酶切

反应体系（见表 3-8）如下：

表 3-8　反应体系

质粒 DNA（或表达载体）	1μg
10×Buffer	2μL
*Bam*H Ⅰ	1μL
*Eco*R Ⅰ	1μL
补 ddH$_2$O 至	20μL

37℃酶切反应 10min，用琼脂糖凝胶电泳检测酶切效果。如果酶切效果好，从胶上切下目的片段，用回收胶试剂盒回收目的片段（步骤同本章实验二和实验三）。

（3）酶切产物连接

连接反应体系（见表 3-9）如下：

表 3-9　连接反应体系

pRI101 载体酶切质粒回收产物	3μL（约 0.03pmol）
目的基因的酶切回收产物	10μL（约 0.3pmol）

T₄ DNA 连接酶	0.2μL
10 × Buffer	2μL
补 ddH₂O 至	20μL

16～22℃下进行连接反应 1～12h。反应结束后于–20℃下保存或直接用于后续转化实验。

（4）连接产物转化大肠杆菌

实验步骤同本章实验四"DNA 的重组"。

（5）菌落 PCR 筛选阳性表达重组子

实验步骤同Ⅳ。

五、实验结果

1. 在抗生素抗性平板上获得大量白色菌落。

2. 菌落 PCR 的产物在琼脂糖凝胶电泳后会呈现一条清晰的带，长约 3kb。

六、思考题

1. 查找植物表达载体 pRI101 的图谱，并说明其使用特点。

2. 解释为何要通过双酶切进入表达载体。

参考书目

[1] 路福平, 李玉. 微生物学实验技术[M].2 版. 北京: 中国轻工业出版社, 2020.

[2] 蔡信之, 黄君红. 微生物学实验[M]. 北京: 科学出版社, 2021.

[3] 徐德强, 王英明, 周德庆. 微生物学实验教程[M]. 4 版. 北京: 高等教育出版社, 2019.

[4] 王崇英, 侯岁稳, 高欢欢. 细胞生物学实验[M]. 4 版.北京: 高等教育出版社, 2017.

[5] 邹方东, 苏都莫日根, 王宏英, 等. 细胞生物学实验指南[M]. 3 版. 北京: 高等教育出版社, 2020.

[6] 杨洪兵, 侯丽霞, 张玉喜. 细胞生物学实验[M]. 北京: 高等教育出版社, 2018.

[7] 章静波, 黄东阳, 方瑾. 细胞生物学实验技术[M]. 2 版. 北京: 化学工业出版社, 2019.

[8] 吕冬霞, 主编. 细胞生物学实验技术[M]. 北京: 科学出版社, 2012.

[9] Michael R.Green, Joseph Sambrook. Molecular Cloning: A Laboratory Manual (Fourth Edition) [M]. New York: Cold Spring Harbor Laboratory Press, 2013.

[10] Frederick Ausubel, Roger Brent, Robert E. Kingston, et al. Current Protocols In Molecular Biology [M]. New Jersey: John Wiley & Sons Inc., 1997.

[11] F. M. 奥斯伯, R.布伦特, R. E. 金斯顿, 等. 精编分子生物学实验指南[M]. 金由辛, 包慧中, 赵丽云, 等译. 5 版. 北京: 科学出版社, 2008.

[12] 杨建雄. 生物化学与分子生物学实验技术教程[M]. 3 版. 北京: 科学出版社, 2017.

[13] 付鸣佳, 黄义德. 分子生物学实验[M]. 北京: 科学出版社, 2013.